즐거움

1학년 완벽대비

입학 준비

7세 수학 연산A

즐깨감 입학 준비 7세 수학 _ 연산A

1판 1쇄 발행 2020년 10월 1일
1판 2쇄 발행 2021년 12월 28일

와이즈만 영재교육연구소 지음 | 이진아 외 그림
발행처 | 와이즈만 BOOKs
발행인 | 염만숙
출판사업본부장 | 김현정
편집 | 오미현 원선희
표지디자인 | (주)창의와탐구 디자인팀
본문디자인 | 디바젤
마케팅 | 김혜원

출판등록 | 1998년 7월 23일 제 1998-000170
제조국 | 대한민국
사용 연령 | 5세 이상
주소 | 서울특별시 서초구 남부순환로 2219 나노빌딩 5층
전화 | 마케팅 02-2033-8987   편집 02-2033-8928
팩스 | 02-3474-1411
전자우편 | books@askwhy.co.kr
홈페이지 | books.askwhy.co.kr

'즐깨감 입학 준비 7세 수학' 시리즈를 통해
초등 1학년 개정 수학교과서를 미리 준비하세요!

　　새로운 교육 과정은 미래 사회에 대비한 창의력과 인성을 키우는 것을 목표로 하고 있습니다. 따라서 단순 암기해야 하는 내용은 대폭 줄고, 프로젝트 학습이나 토의, 토론식 수업 중심이 됩니다. 또한 각 과목 간 융합을 통한 '창의적 융합인재 육성' 이른바 'STEAM' 교육이 강조되고 있습니다. 특히 수학은 논리적 사고와 문제 해결 과정 중심으로 개편되고 있습니다. 이제까지의 단순 암기식 학습이 아니라 스스로 개념과 원리를 이해하고 탐구할 수 있도록 근본적인 학습 태도와 학습 동기를 변화시키고자 하는 의지를 담고 있는 것입니다.

　　'즐깨감 입학 준비 7세 수학' 시리즈는 초등학교 입학을 앞두고 있는 7세 어린이들을 위해 와이즈만 영재교육연구소에서 오랫동안 창의사고력 수학 교재를 집필하신 선생님들이 만든 책입니다.

　　1학년 개정 수학교과서 방식으로 구성하여 초등 입학 준비용 교재로 아이들이 수학에 대한 흥미를 가지고 쉽게 접근할 수 있도록 하였습니다. 7세 아이들은 본 교재를 통해 재미있는 수학을 접하고 원리를 탐구하는 습관을 기르면서 초등 1학년 과정을 완벽하게 대비할 수 있습니다.

　　'즐깨감 입학 준비 7세 수학' 시리즈의 학습 경험이 초등 수학에 대한 자신감을 높이고 아이들의 즐거운 학교생활로 이어지기를 바랍니다.

와이즈만 영재교육연구소 소장 이 미 경

구성과 특징

수학 동화

이야기 속에 재미있고 다양한 수학적 문제 상황이 숨어 있습니다.

재미있는 이야기도 읽고, 이야기를 통해 수학적 문제 상황을 자연스럽게 받아들여 수학이 일상생활과 밀접한 관련이 있다는 것을 알 수 있습니다.

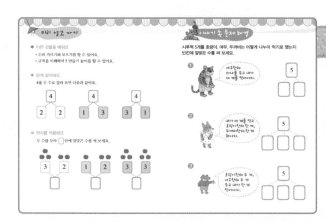

미리 알고 가기

학습 전·후 개념을 익히고 정리하는 데 도움이 됩니다.

[이런 것들을 배워요] 단원에서 꼭 알고 가야 하는 학습 목표

[함께 알아봐요] 수학 원리 이해

[원리를 적용해요] 원리를 적용하여 간단히 풀어 보는 유형 문제

이야기 속 문제해결

이야기 속에 숨은 수학적 문제 상황을 찾아 단계적으로 해결해 봅니다. 주인공이 처한 상황을 이해하고 문제를 해결하면서 수학적 문제해결력을 기를 수 있습니다.

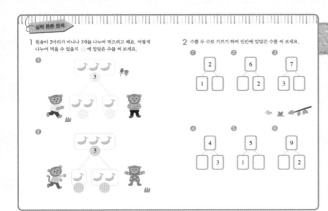

실력 튼튼 문제

각 단원마다 기초 실력을 튼튼히 할 수 있는 사고력 문제를 제시합니다.
앞서 학습한 [미리 알고 가기]의 내용을 떠올리면서 문제 해결의 자신감과 수학에 대한 흥미를 키웁니다.

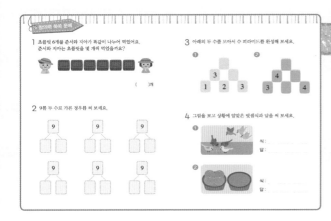

창의력 쑥쑥 문제

앞서 배운 단원의 종합 문제로 3~4단원마다 학습 내용을 정리하며 사고력과 수학적 추론 능력, 창의적 문제해결력을 키울 수 있습니다.

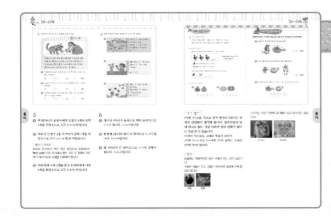

정답과 풀이

정답을 한눈에 알아볼 수 있도록 본문과 같은 이미지 위에 파란색으로 답을 표기하였고, 본문 바로 아래에는 [풀이] [생각 열기] [틀리기 쉬워요] [참고]를 따로 구성하여 문제에 대한 이해를 도왔습니다.

시리즈 소개

〈즐깨감〉은 스스로 생각하는 힘을 길러 줍니다.

와이즈만 영재교육의 창의사고력 수학 시리즈

1. 일반 수학 문제들이 유형화되어 있는 것과는 달리, 학생들에게 익숙하지 않은 새로운 문제들이 나옵니다. 또한 생활 속 주제들을 수학의 소재로 삼아 수학을 친근하게 느끼도록 하여 주변에서 수학 원리를 탐구하고 관찰할 수 있습니다.

2. 반복 연습이 아닌, 사고의 계발을 중시합니다. 새 교과서가 추구하고 있는 수학적 사고력, 수학적 추론 능력, 창의적 문제해결력, 의사소통 능력을 강화하고 있습니다.

3. 수학교과서에서 많이 다루어지는 소재가 아닌 스토리텔링, 퍼즐식 문제 해결 같은 흥미로운 소재를 사용합니다. 재미있는 활동이 수학적 호기심과 흥미를 자극하여 수학적 사고력의 틀을 형성시켜 줍니다.

4. 난이도별 문제 해결보다는 사고의 흐름에 따른 확장 과정을 중시합니다.

6세에는 즐깨감 수학

7세에는 즐깨감 수학

즐깨감 입학 준비 7세 수학

1학년에는 즐깨감 수학

2학년에는 즐깨감 수학

3학년에는 즐깨감 수학

4학년에는 즐깨감 수학

5학년에는 즐깨감 수학

6학년에는 즐깨감 수학

차례

동물 친구들의 떡 만들기

호랑이가 여우랑 두꺼비랑 술래잡기를 하고 있었어.

한참 놀다 보니 배가 고파진 거야.

"애들아, 우리 떡 만들어 먹자."

호랑이가 군침을 꿀꺽!

여우랑 두꺼비도 배고프니 그러자고 했지.

스륵스륵 맷돌은 호랑이가 갈고

솔솔, 팍팍 팥고물은 여우가 뿌리고,

두꺼비는 마땅히 할 일이 없어 꼴딱꼴딱 침만 삼키며 기다렸지.

곧이어 커다란 시루에 김이 모락모락!

시루떡 다섯 개가 먹음직스럽게 익었어.

　"이걸 어떻게 나눠 먹지?"

호랑이는 여우한테 하나 주고, 자기가 네 개를 먹겠다고 했지.

여우는 자기가 세 개를 먹고, 호랑이 한 개,

두꺼비 한 개를 주겠다고 했지.

두꺼비는 공평하게 호랑이 두 개, 여우 두 개,

자기 한 개를 달라고 했어.

🌸 이런 것들을 배워요

- 수의 가르기와 모으기를 할 수 있어요.
- 규칙을 이해하여 5 만들기 놀이를 할 수 있어요.

🌸 함께 알아봐요

4를 두 수로 갈라 보면 다음과 같아요.

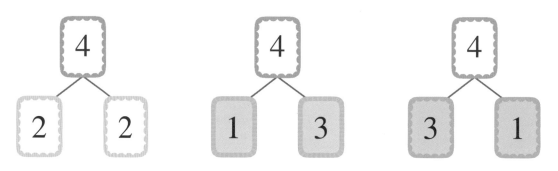

🌸 원리를 적용해요

두 수를 모아 ☐ 안에 알맞은 수를 써 보세요.

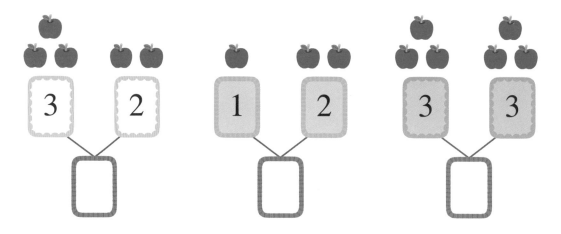

이야기 속 문제 해결

시루떡 5개를 호랑이, 여우, 두꺼비는 어떻게 나누어 먹기로 했는지
빈칸에 알맞은 수를 써 보세요.

1 원숭이 2마리가 바나나 3개를 나누어 먹으려고 해요. 어떻게
   나누어 먹을 수 있을지 ⬤ 에 알맞은 수를 써 보세요.

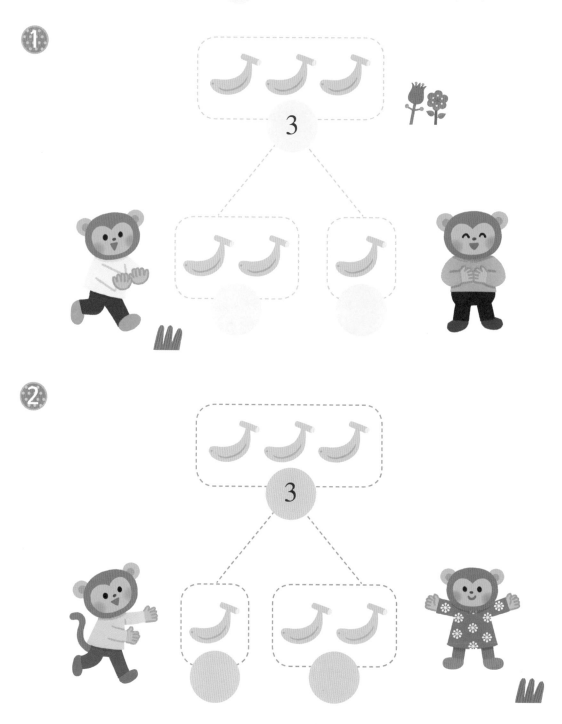

2 수를 두 수로 가르기 하여 빈칸에 알맞은 수를 써 보세요.

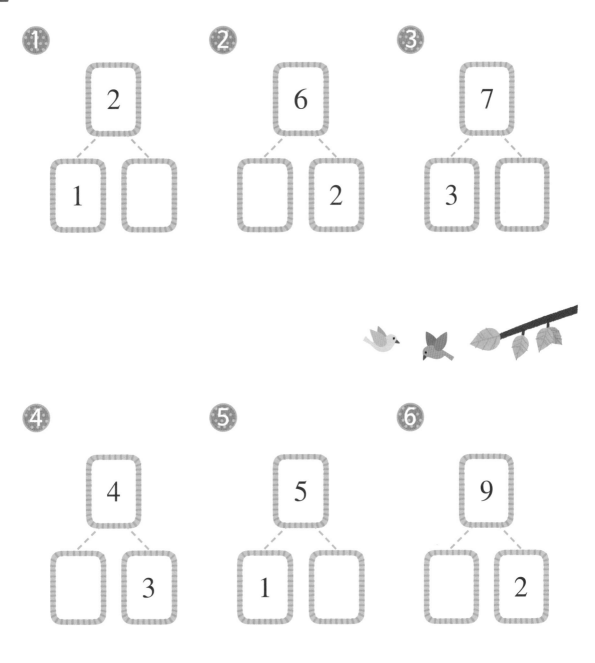

① 2 → 1, □

② 6 → □, 2

③ 7 → 3, □

④ 4 → □, 3

⑤ 5 → 1, □

⑥ 9 → □, 2

3 다람쥐 2마리가 도토리를 모으고 있어요. 다람쥐들이 모은 도토리는 몇 개인지 ◌ 에 알맞은 수를 써 보세요.

①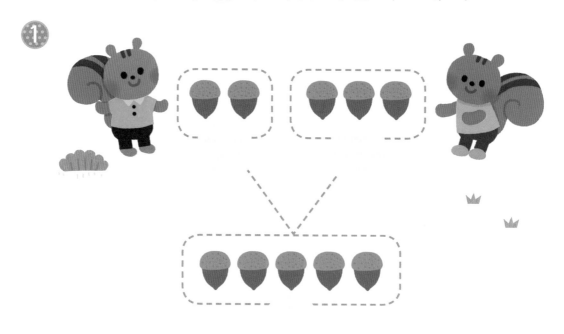

②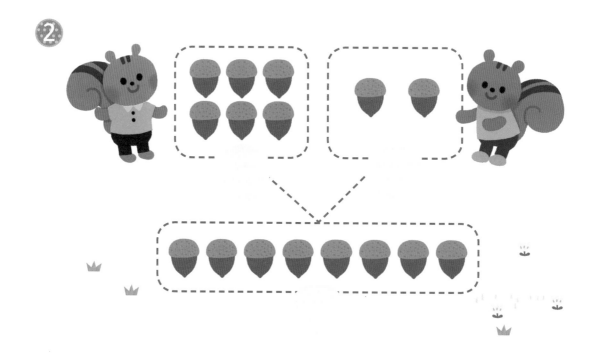

4 흰둥이와 검둥이가 뼈다귀 3개씩을 가지고 있어요. 다음 물음에 답해 보세요.

① 흰둥이와 검둥이가 가지고 있는 뼈다귀를 모으면 모두 몇 개가 될까요?

☐ 개

②

흰둥이가 검둥이에게 뼈다귀 1개를 주었어요.

흰둥이의 뼈다귀는 (   )개가 되고, 검둥이의 뼈다귀는

(   )개가 되어서, 두 강아지가 가지고 있는

뼈다귀를 모으면 모두 (   )개가 돼요.

5 동물 친구들이 수 만들기 놀이를 하고 있어요. 물음에 답해 보세요.

1️⃣ 두 장의 카드에 있는 과일이 모두 5개가 되는 경우에 ◯표 하세요.

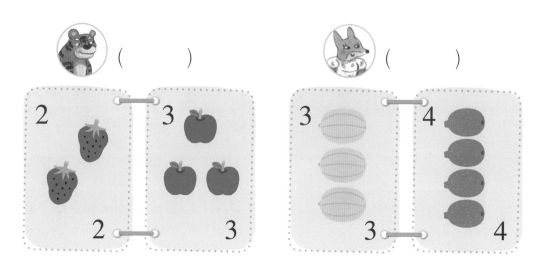

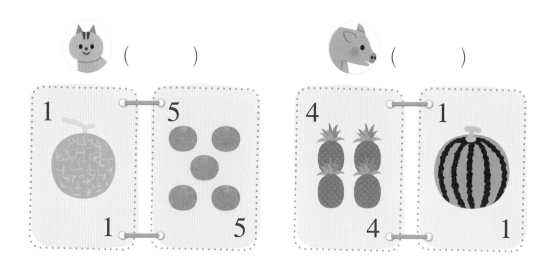

2 카드 두 장에 있는 과일이 모두 7개가 되는 경우를 찾아 줄로 이어 보세요.

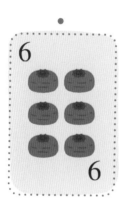 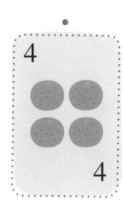 

3 카드 두 장에 있는 과일이 모두 9개가 되도록 빈 카드에 수와 ◯표를 넣어 보세요.

①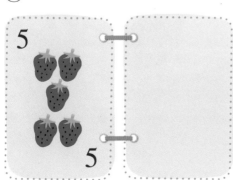

②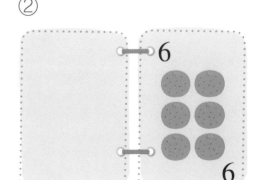

산삼과 시루떡

호랑이는 힘들게 만든 떡을 여우랑 두꺼비랑
같이 나눠 먹고 싶지 않았어.
그래서 내기를 하나 하자고 했지.
"좋아, 재미있겠다!"
여우도 두꺼비도 좋다고 했어.

"누가 더 많은 산삼을 찾아오나 내기하자."
호랑이는 숲으로 달려가더니 산삼 세 뿌리를 캐 왔어.
여우는 산삼 두 뿌리를 캐 왔지.
두꺼비는 호랑이랑 여우가 한눈을 파는 사이에
둘이 캔 산삼을 날름 한데 모아다가 자기가 캔 것처럼 말했어.
"난 세 뿌리에다가 두 뿌리를 더 구했지."
결국 떡은 두꺼비 차지가 되고 마는 걸까?

✿ 이런 것들을 배워요

- 덧셈이 이루어지는 상황을 이해할 수 있어요.
- 덧셈식을 쓰고 읽을 수 있어요.
- 덧셈을 할 수 있어요.

✿ 함께 알아봐요

기린 두 마리가 나뭇잎을 먹고 있는데 또 다른 기린 한 마리가 나뭇잎을 먹으러 옵니다.

쓰기 : 2 + 1

읽기 : 2 더하기 1

✿ 원리를 적용해요

나무늘보의 수를 구하는 덧셈식을 쓰고 답을 구해 보세요.

식 :

답 :

호랑이, 여우, 두꺼비가 산삼을 얼마나 구했는지 알아보세요.

1 호랑이와 여우는 산삼을 몇 뿌리씩 캤는지 빈칸에 알맞은 수를 쓰세요.

호랑이는 산삼을 (　　　)뿌리 구해 왔고,
여우는 산삼을 (　　　)뿌리 구해 왔어요.

2 두꺼비의 말을 읽고, 덧셈식을 쓰고 읽어 보세요.

난 산삼 세 뿌리에 두 뿌리를 더 구했지.

쓰기 : _____   읽기 : _____

3 두꺼비는 자신이 모두 몇 뿌리의 산삼을 캤다고 했나요?

 뿌리

1 덧셈이 필요한 상황을 찾아 ○표 하세요.

토끼가 사과 2개를
먹었어요.

(   )

친구에게 구슬을
2개 주어요.

(   )

비둘기 2마리가 더
날아와요.

(   )

2 그림을 보고 덧셈식을 써 보세요.

①

②

식 : _____

식 : _____

3 그림을 보고, 알맞은 덧셈식을 쓰고 읽어 보세요.

쓰기 : _____

읽기 : _____

쓰기 : _____

읽기 : _____

4 그림을 보고, 잘못 말한 아기돼지에게 ◯표 해 보세요.

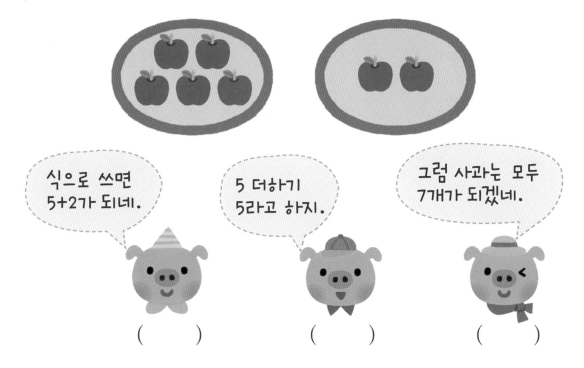

5 호랑이의 일기를 읽고 물음에 답해 보세요.

떡 할머니가 인절미 3개와 꿀떡 1개를 주었다. 그중 여우가 인절미 2개를 먹고 보답으로 사과 2개를 나에게 주었다. 조금 있으니까 두꺼비가 와서 꿀떡 1개를 먹고 사과 3개를 주고 갔다. 친구들과 떡도 나누어 먹고 사과도 많이 생겨서 기분이 좋았다.

1 떡 할머니가 호랑이에게 준 떡은 모두 몇 개인지 식을 쓰고 답을 구하세요.

식 : _____ 답 : _____ (개)

2 여우와 두꺼비가 먹은 떡은 모두 몇 개인지 식을 쓰고 답을 구하세요.

식 : _____ 답 : _____ (개)

3 호랑이가 여우와 두꺼비에게 받은 사과는 모두 몇 개인지 식을 쓰고 답을 구하세요.

식 : _____ 답 : _____ (개)

6 덧셈 상황의 문장을 완성하고 식으로 써 보세요.

①

개구리 (   )마리가 헤엄을 치고 있어요. 그런데 개구리 (   )마리가 헤엄 치러 물속으로 더 뛰어들어요.

식 : _____

②

꽃병에 꽃이 (   )송이 있어요. 꽃병에 (   )송이의 꽃을 더 꽂아요.

식 : _____

③

꿀벌 (   )마리가 꽃 위를 날아다녀요. 멀리서 꿀벌 (   )마리가 더 날아오고 있어요.

식 : _____

호랑이의 꾀

이래서는 안 되겠다고 생각한 호랑이는 다른 내기를 하자고 했어.
"얘, 얘, 물고기 잡기 내기를 하자."
호랑이는 물고기를 더 많이 잡는 쪽에게 떡을 몰아주자고 했어.
여우랑 두꺼비는 시큰둥한 표정을 지었지.
물고기 잡기를 잘 할 자신이 없었던 거야.

"그럼 여우랑 두꺼비가 힘을 합쳐서 물고기를 잡으렴."
호랑이가 먼저 물고기를 잡았어.
호랑이의 물통에는 물고기 세 마리가 팔딱거렸지.
여우랑 두꺼비는 물고기를 한 마리도 잡지 못했어.
여우랑 두꺼비의 물통에는 물고기가 한 마리도 없었지.
아, 이대로 떡은 호랑이 차지가 되고 마는 걸까?

⭐ 이런 것들을 배워요

- 어떤 수에 0을 더할 수 있음을 알고 덧셈을 할 수 있어요.
- 0에 어떤 수를 더할 수 있음을 알고 덧셈을 할 수 있어요.

⭐ 함께 알아봐요

닭의 수를 다음과 같은 덧셈식으로 구할 수 있어요.

수탉은 암탉보다 벼슬도 크고 깃털도 화려해요.

 수탉은 몇 마리입니까? (3)마리

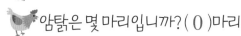 암탉은 몇 마리입니까? (0)마리

닭의 수를 구하는 덧셈식을 다음과 같이 쓸 수 있어요.

$$3 + 0 = 3$$

⭐ 원리를 적용해요

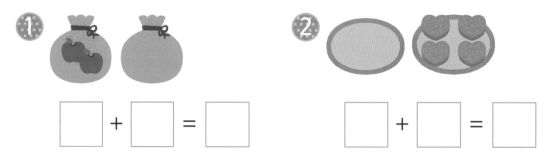

① ☐ + ☐ = ☐

② ☐ + ☐ = ☐

30

호랑이와 여우, 두꺼비가 잡은 물고기는 모두 몇 마리인지 알아보세요.

1 호랑이는 몇 마리의 물고기를 잡았나요?

(   )마리

2 두꺼비랑 여우는 몇 마리의 물고기를 잡았나요?

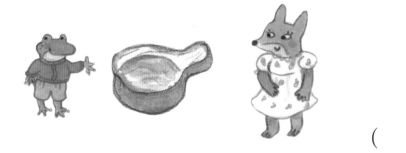

(   )마리

3 두 물통에 있는 물고기의 수를 구하는 덧셈식을 써 보세요.

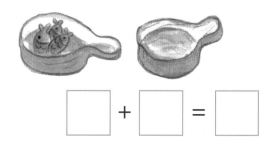

$$\boxed{} + \boxed{} = \boxed{}$$

1 상자에 머핀이 들어 있습니다. 머핀의 수를 구하는 덧셈식을 알아보세요.

초코 머핀

체리 머핀

1 초코 머핀은 몇 개 있습니까?

(   )개

2 체리 머핀은 몇 개 있습니까?

(   )개

3 머핀의 수를 구하는 덧셈식을 쓰세요.

☐ + ☐ = ☐

2 다음을 계산하여 ☐ 안에 알맞은 수를 쓰세요.

1 $0 + 1 =$ ☐

2 $2 + 0 =$ ☐

3 $3 + 0 =$ ☐

4 $0 + 5 =$ ☐

3 그림을 보고 꽃과 나뭇잎의 개수를 구하는 알맞은 식을 써 보세요.

식 : _____   식 : _____

4 친구들의 대화를 읽고 물음에 답하세요.

흰색 바둑돌과 검은색 바둑돌이 몇 개씩 있어?

내 손에는 바둑돌이 3개 있어. 검은색 바둑돌은 3개 있지.

 의 손에 흰색 바둑돌은 몇 개 있습니까?

(   )개

 의 손에 있는 바둑돌의 수를 나타내는 덧셈식을 쓰세요.

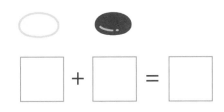

□ + □ = □

5 다음 글을 읽고 덧셈식으로 나타내어 보세요.

① 시아는 쿠키 4개를 가지고 있고, 오빠는 쿠키가 하나도 없어요. 시아와 오빠가 가지고 있는 쿠키의 수를 구하는 식을 세우고 답을 쓰세요.

식 : _____ 답 : _____

② 빨간색 풍선은 하나도 없고 파란색 풍선은 6개 있어요. 풍선의 수를 구하는 식을 세우고 답을 쓰세요.

식 : _____ 답 : _____

③ 우리 안에 암사자는 5마리 있고 수사자는 한 마리도 없어요. 우리 안에 있는 사자의 수를 구하는 식을 세우고 답을 쓰세요.

식 : _____ 답 : _____

6 계산 결과가 같은 것끼리 찾아 줄로 이어 보세요.

7 + 0 •

• 6 + 2

0 + 5 •

• 0 + 6

1 + 5 •

• 2 + 5

2 + 7 •

• 5 + 0

5 + 3 •

• 3 + 6

1 초콜릿 6개를 준서와 지아가 똑같이 나누어 먹었어요.
준서와 지아는 초콜릿을 몇 개씩 먹었을까요?

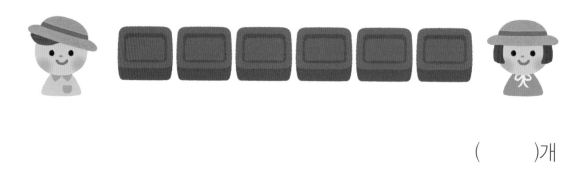

(   )개

2 9를 두 수로 가른 경우를 써 보세요.

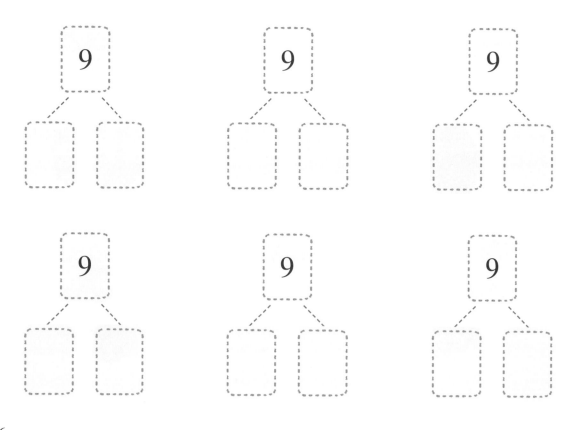

3 아래의 두 수를 모아서 수 피라미드를 완성해 보세요.

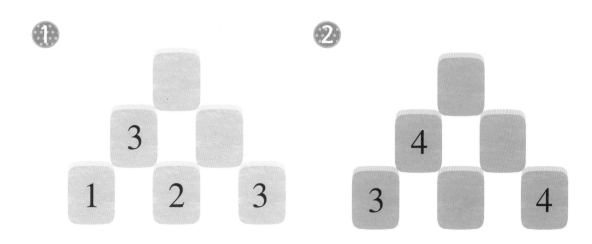

4 그림을 보고 상황에 알맞은 덧셈식과 답을 써 보세요.

식 : _____

답 : _____

식 : _____

답 : _____

5 같은 선 위의 두 수를 더한 결과가 가운데 ⬤안의 수가 되도록 ◯ 안에 알맞은 수를 써보세요.

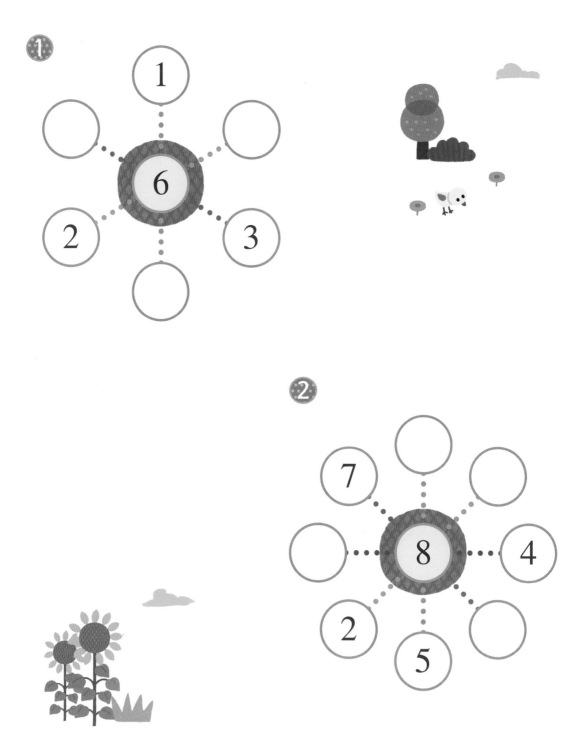

6 식을 보고 잘못 말한 아기 돼지에게 ○표 해 보세요.

① 3 + 5

8 더하기 0과 계산 결과가 같은데.

계산 결과가 2+7과 같군.

나비 3마리가 있는데 4마리가 더 날아왔을 때 나비의 수를 구하는 식이네.

( ) ( ) ( )

② 4 + 3

4+2와 계산 결과가 같군.

사과 4개를 따고 사과 3개를 더 딴 것의 합과 같네.

0+7과는 계산 결과가 달라.

( ) ( ) ( )

7 □ 안에 알맞은 수를 써 넣고 계산 결과가 큰 수를 따라 떡을 먹을 수 있는 길을 찾아보세요.

1+0= ☐   0+1= ☐   2+1= ☐   0+2= ☐

1+1= ☐   0+3= ☐   2+2= ☐   3+0= ☐

2+0= ☐   2+1= ☐   3+2= ☐   6+2= ☐

3+3= ☐   5+2= ☐   0+4= ☐   3+6= ☐

8 빈칸에 들어갈 알맞은 ♥의 개수만큼 ◯를 그려 보세요.

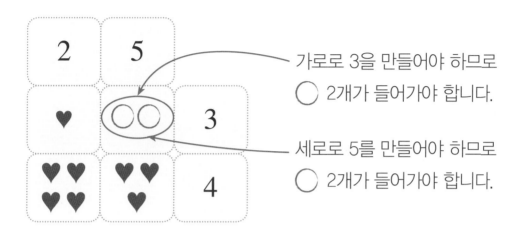

가로로 3을 만들어야 하므로
◯ 2개가 들어가야 합니다.

세로로 5를 만들어야 하므로
◯ 2개가 들어가야 합니다.

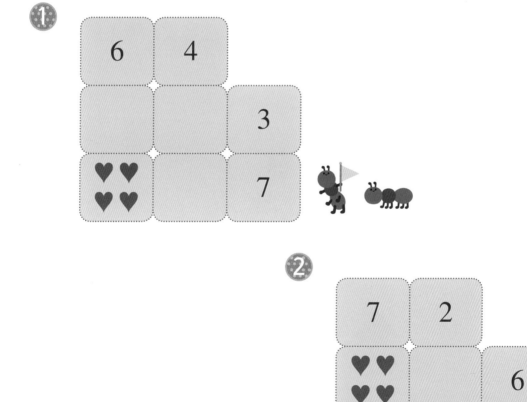

3

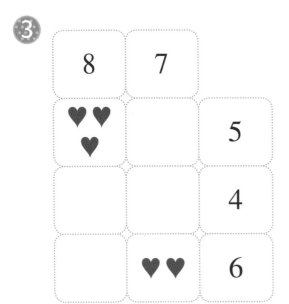

8	7	
♥ ♥ ♥		5
		4
	♥ ♥	6

4

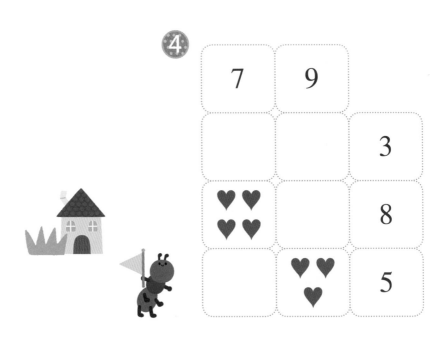

7	9	
		3
♥ ♥ ♥ ♥		8
	♥ ♥ ♥	5

9 규칙을 찾아 표의 빈칸에 알맞은 수를 써 보세요.

1	5	3
0		7
6	4	9

+

7	4	3
5		1
3	2	0

→

8		
	6	

10 2개의 성냥개비를 이동해서 바른 덧셈식이 되도록 해 보세요.

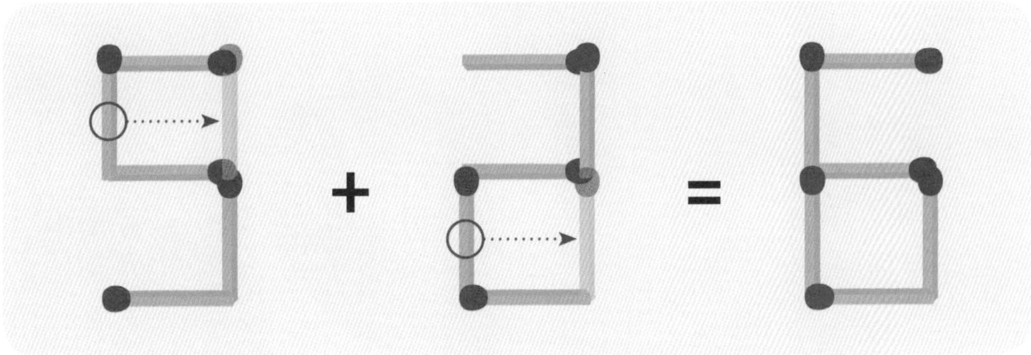

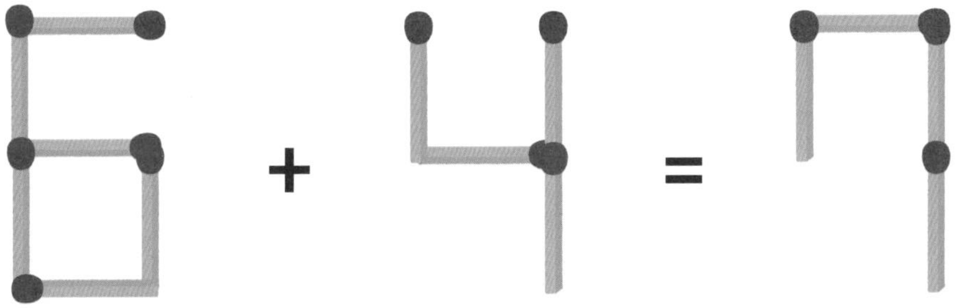

두꺼비의 호통

"아!"
호랑이가 입을 쩍 벌리고서
시루떡 다섯 개를 한 입에 털어 넣으려는데
두꺼비가 큰 소리로 호통을 쳤어.
"이놈, 넌 위아래도 없느냐!"
깜짝 놀란 호랑이가 눈을 깜빡거렸지.

"자고로 음식은 어른께 먼저 '드셔 보세요!' 해야 하는
법이야."
두꺼비는 뒷짐을 지고서 '에헴!' 하고
시루떡 한 개, 두 개, 세 개를 집더니만 꿀꺽 삼켜 버렸지 뭐야.
호랑이는 어안이 벙벙하여 그 모습을 바라만 보았지.
"네 나이가 몇인데?"
호랑이가 물었더니 두꺼비가 되물었어.
"그러는 너는 몇이냐?"

🐛 이런 것들을 배워요

- 뺄셈이 이루어지는 상황을 이해하고 뺄셈식을 쓰고 읽을 수 있어요.
- 전체를 빼는 경우와 0을 빼는 경우의 뺄셈식을 쓰고 읽을 수 있어요.

🐛 함께 알아봐요

쓰기 6 - 2 = 4

읽기 6 빼기 2는 4와 같습니다.
6과 2의 차는 4입니다.

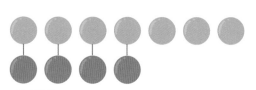

쓰기 7 - 4 = 3

읽기 7 빼기 4는 3과 같습니다.
7과 4의 차는 3입니다.

5 - 5 = 0
전체에서 전체를 빼요.

5 - 0 = 5
전체에서 0을 빼요.

🐛 원리를 적용해요

쓰기 8 - 3 = 5

읽기 8 빼기 (   )은 5와 같아요.

8과 (   )의 차는 (   )예요.

빼셈식을 완성하고 빼셈식을 2가지 방법으로 읽어 보세요.

1

> 시루떡 5개가 있어요.
> 두꺼비가 시루떡 3개를 꿀꺽 삼켜 버렸어요.
> 남은 시루떡은 몇 개일까요?

$$\boxed{} - \boxed{} = \boxed{}$$

읽기

_____

_____

2

> 물고기 4마리가 있어요.
> 여우가 물고기 1마리를 꿀꺽 먹어 버렸어요.
> 남은 물고기는 몇 마리일까요?

$$\boxed{} - \boxed{} = \boxed{}$$

읽기

_____

_____

1 뺄셈식을 보고 이야기를 만들었어요. 빈칸에 알맞은 수를 써 보세요.

①

$$8 - 3 = 5$$

미어캣 8마리가 보초를 서고 있어요.

그중 (　　　)마리가 굴 속으로 들어갔어요.

남아 있는 미어캣은 모두 (　　　)마리예요.

②

$$6 - 2 = 4$$

6명의 친구들이 놀이터에서 놀고 있어요.

그 중 (　　　)명이 배가 아파서 집에 갔어요.

남아 있는 친구들은 모두 (　　　)명이에요.

③

$$9 - 6 = 3$$

색종이 9장이 있어요.

그중 (　　　)장으로 종이접기를 했어요.

남아 있는 색종이는 모두 (　　　)장이에요.

2 그림을 보고 질문에 맞게 뺄셈식으로 나타내어 보세요.

1 병아리는 닭보다 몇 마리 더 많을까요?

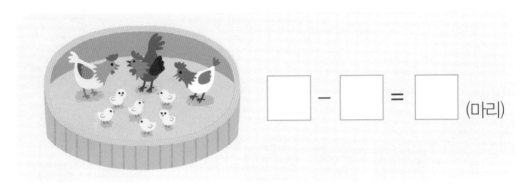

$\boxed{} - \boxed{} = \boxed{}$ (마리)

2 새는 토끼보다 몇 마리 더 많을까요?

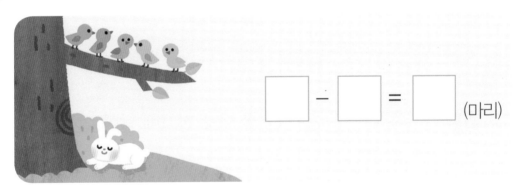

$\boxed{} - \boxed{} = \boxed{}$ (마리)

3 얼음 위의 펭귄은 물속에 있는 펭귄보다 몇 마리 더 많을까요?

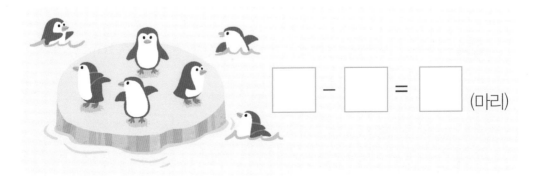

$\boxed{} - \boxed{} = \boxed{}$ (마리)

3 이야기를 읽고 뺄셈식으로 나타내어 보세요.

네모 모양 접시에는 사과 6개가 놓여 있고
동그라미 모양 접시에는 귤 5개가 놓여 있어요.
민수는 배가 고파서 사과 6개를 먹었어요.

① 민수가 과일을 먹고 난 후 네모 접시에 남아 있는 사과의 수를
구하는 뺄셈식을 만드세요.

$$\boxed{} - \boxed{} = \boxed{}$$

② 민수가 과일을 먹고 난 후 동그란 접시에 남아 있는 귤의 수를
구하는 뺄셈식을 만드세요.

$$\boxed{} - \boxed{} = \boxed{}$$

4 뺄셈식의 결과가 같은 것끼리 같은 색으로 색칠해 보세요.

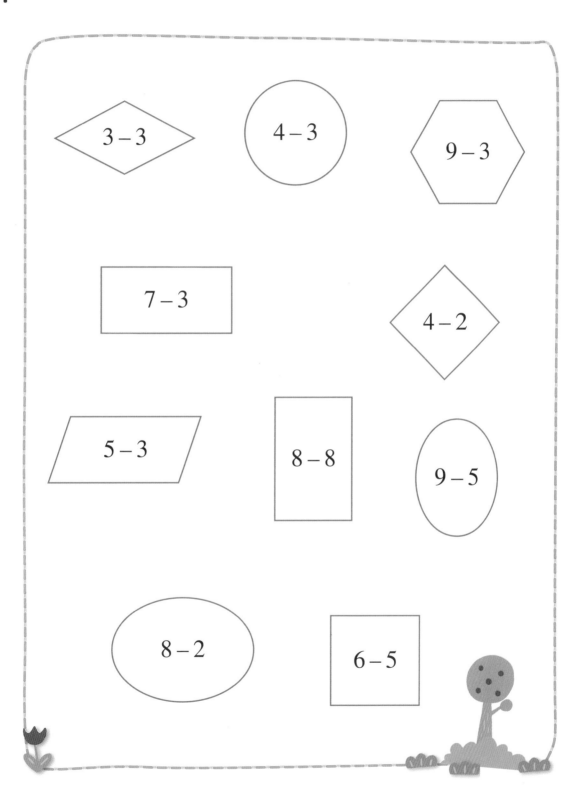

누가 누가 가장 나이가 많을까?

"험험, 나로 말할 것 같으면 까마득한 옛날,
하늘과 땅이 처음 생겨났을 적에
밤하늘에다 별을 박았던 분이시다."
호랑이가 제 나이를 말하며 어깨를 으쓱거렸어.
그러자 여우가 냉큼 말을 받아쳤지.
"나는 네가 별을 박을 때 먹물로 밤하늘을 까맣게 칠하고 있었어."

그 말을 들은 두꺼비가 귀를 후비적후비적하며 말했어.

"얘들아, 내가 하늘이랑 땅을 만들고

힘들어서 자고 있을 때 너희가 나머지 일을 다 해 주었구나."

나이가 제일 많은 두꺼비는 어깨에 힘을 주고 호랑이랑 여우한테

먹을 것을 구해 오라고 시켰어.

호랑이랑 여우는 어쩐지 억울했지만,

별 수 없이 먹을 걸 구하러 갔지.

얼마 뒤, 호랑이가 사과 다섯 개를 구해 왔어.

여우가 대추 두 알을 구해 왔지.

"겨우 일곱 개로구나. 가서 먹을 걸 더 구해 오도록 해."

두꺼비는 사과랑 대추를 꿀꺽 먹어 치우며 말했어.

미리 알고 가기

⭐ 이런 것들을 배워요

- 덧셈식을 보고 **뺄셈식**을 만들 수 있어요.
- **뺄셈식**을 보고 덧셈식을 만들 수 있어요.

⭐ 함께 알아봐요

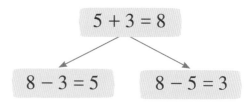

$$5 + 3 = 8$$

$$8 - 3 = 5 \qquad 8 - 5 = 3$$

덧셈식을 뺄셈식으로 나타낼 수 있어요.

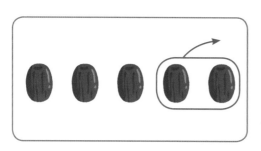

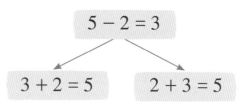

$$5 - 2 = 3$$

$$3 + 2 = 5 \qquad 2 + 3 = 5$$

뺄셈식을 덧셈식으로 나타낼 수 있어요.

⭐ 원리를 적용해요

그림을 보고 ☐ 안에 알맞은 수를 써 보세요.

$$6 + \boxed{} = 9$$

$$9 - \boxed{} = 6$$

$$\boxed{} - 6 = 3$$

호랑이와 여우가 구한 사과와 대추가 몇 개인지 덧셈식과 뺄셈식을
만들어 보세요.

① 사과와 대추는 모두 몇 개인지 구하세요.

$$\boxed{} + \boxed{} = \boxed{}$$

② 전체 먹을 것 중에서 호랑이가 갖고 있는 사과의 수를 구하세요.

$$\boxed{} - \boxed{} = \boxed{}$$

③ 전체 먹을 것 중에서 여우가 갖고 있는 대추의 수를 구하세요.

$$\boxed{} - \boxed{} = \boxed{}$$

1 그림을 보고 빈칸에 알맞은 수를 써 덧셈식과 뺄셈식을 만들어 보세요.

• 남아 있는 풍선의 수

$6 - \boxed{} = \boxed{}$

• 날아가기 전 풍선의 수

$2 + \boxed{} = \boxed{}$

$4 + \boxed{} = \boxed{}$

• 나뭇가지에 남아 있는 새의 수

$4 - \boxed{} = \boxed{}$

• 처음 나뭇가지에 있던 새의 수

$1 + \boxed{} = \boxed{}$

$3 + \boxed{} = \boxed{}$

2 양쪽의 쿠키 수가 같아지도록 하트 모양 쿠키 몇 개를 먹었어요. 빈칸에 알맞은 수를 써 보세요.

- 먹고 남은 💜 의 수 : 5 − ☐ = 3

- 먹기 전 💜 의 수   : 3 + ☐ = 5

- 먹고 남은 💜 의 수 : 8 − ☐ = ☐

- 먹기 전 💜 의 수   : 5 + ☐ = ☐

3 2장의 숫자 카드가 있어요. 두 수의 차를 구하는 뺄셈식을 만들고, 그 식을 덧셈식으로 바꾸어 보세요.

뺄셈식 : $8 - 3 = 5$

덧셈식 : $5 + 3 = 8$

$3 + 5 = 8$

뺄셈식 :

덧셈식 :

뺄셈식 :

덧셈식 :

4 그림을 보고 덧셈식과 뺄셈식을 자유롭게 만들어 보세요.

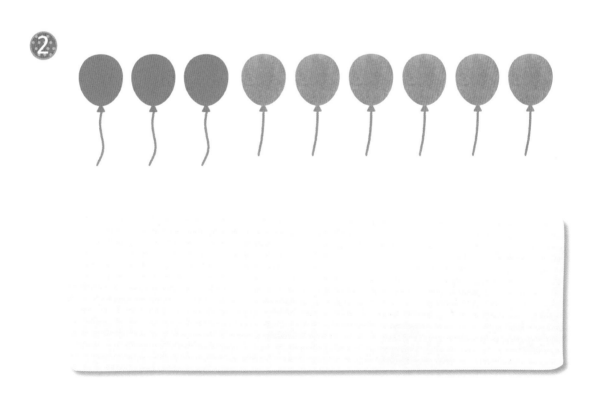

먹을거리 장만하기

호랑이랑 여우는 숲으로 갔어.

나이가 많은 두꺼비를 위해 먹을 것을 구하러 간 거야.

한참 만에 호랑이가 머루 세 송이를 구해 왔어.

여우는 도토리 네 개를 구해 왔지.

 "이거밖에 못 구해 오다니!"

두꺼비가 큰 소리를 쳤어.

호랑이랑 여우는 어깨를 축 늘어트리고서
다시 숲속으로 갔지.
뭔가 억울하고 서러웠지만 어쩔 수 있나.
두 눈을 부릅뜨고 먹을 걸 찾는 수밖에.
"이번엔 내가 머루 네 송이를 구했어."
호랑이가 덩치 값도 못하고 신이 나서 외쳤어.
"이번엔 도토리를 세 개밖에 못 구했어."
여우는 힘이 빠져서 중얼거렸지.

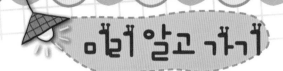

⭐ 이런 것들을 배워요

• 두 수를 바꾸어 덧셈을 할 수 있어요.
• 두 수를 바꾸어 더해도 합이 같다는 것을 이해할 수 있어요.

⭐ 함께 알아봐요

두 수를 바꾸어 더해도 합은 같아요.

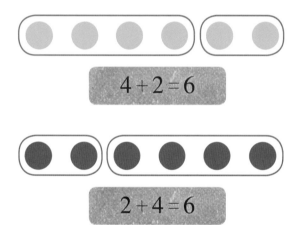

⭐ 원리를 적용해요

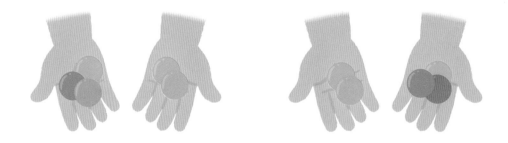

두 사람이 가지고 있는 구슬의 수는 (같습니다, 다릅니다)

호랑이와 여우가 숲에서 구한 열매의 수를 비교해 보세요.

첫 번째   두 번째

1 호랑이가 구한 머루의 수만큼 ◯를 그리고, 덧셈식으로 나타내어 보세요.

$$\boxed{} + \boxed{} = \boxed{}$$

2 여우가 구한 도토리의 수만큼 ◯를 그리고, 덧셈식으로 나타내어 보세요.

$$\boxed{} + \boxed{} = \boxed{}$$

3 호랑이가 구한 머루와 여우가 구한 도토리 중에서 어느 것이 더 많은지 쓰세요.

(   )

1 민수와 규서가 갖고 있는 쿠키의 수를 비교하려고 해요.
물음에 답해 보세요.

민수   규서

1 민수가 갖고 있는 과자의 수를 구하는 덧셈식을 만드세요.

2 규서가 갖고 있는 과자의 수를 구하는 덧셈식을 만드세요.

3 누구의 과자가 더 많은지 알맞은 말에 ◯표 하세요.

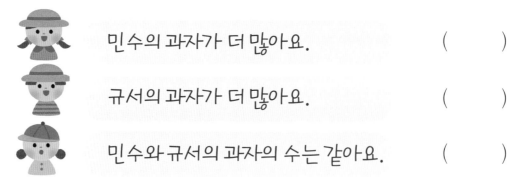

민수의 과자가 더 많아요.   (   )

규서의 과자가 더 많아요.   (   )

민수와 규서의 과자의 수는 같아요.   (   )

2 양쪽의 결과가 같은 것을 모두 찾아 ○표 해 보세요.

상자에 구슬 3개를 넣고,
4개를 더 넣었어요.

상자에 구슬 4개를 넣고,
3개를 더 넣었어요.

 (　　)

아침에 사과 2개를 먹고,
저녁에 바나나 4개를
먹었어요.

아침에 사과 4개를 먹고,
저녁에 바나나 3개를
먹었어요.

 (　　)

준호가 6골을 넣고,
재형이가
2골을 넣었어요.

준호가 2골을 넣고,
재형이가
6골을 넣었어요.

 (　　)

3 숫자 카드 3장으로 덧셈식 2개를 만들어 보세요.

| 2 | 7 | 5 |

5 + 2 = 7

2 + 5 = 7

①

| 8 | 1 | 7 |

☐ + ☐ = ☐

☐ + ☐ = ☐

②

| 5 | 9 | 4 |

☐ + ☐ = ☐

☐ + ☐ = ☐

4 2개씩 공을 뽑았을 때 두 수의 합이 서로 같도록 수가 없는
공에 알맞은 수를 써 보세요.

①

②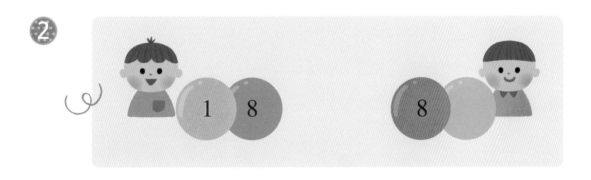

③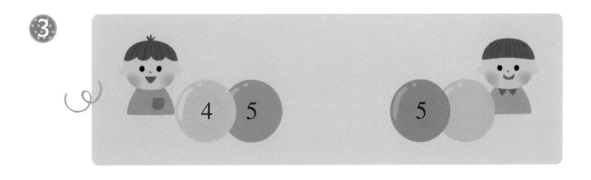

두꺼비의 자랑

두꺼비는 호랑이에게 안마를 하라고 시켰어.

호랑이는 하는 수 없이 안마를 했지.

두꺼비는 여우에게 물을 떠 오라고도 시켰어.

여우는 줄레줄레 물을 뜨러 갔다 왔지.

"그런데 두꺼비님, 대체 나이가 몇이십니까?"

호랑이가 물었어.

그러자 두꺼비는 까만 밤하늘을 바라보며 눈을 반짝거렸지.

"저 하늘에 별이 모두 몇 개냐?"

호랑이랑 여우가 세어 보니 모두 40개였어.

"거기다가 별 8개를 더 하면 딱 내 나이겠구나."
호랑이랑 여우는 빨리 계산이 되지 않았어.
둘은 손가락을 조물조물, 발가락을 꼬물꼬물거리며
계산을 하느라 두꺼비한테 말대꾸도 못했지.

✻ 이런 것들을 배워요

- 받아올림이 없는 (몇십)+(몇)의 계산 원리를 이해할 수 있어요.
- 받아올림이 없는 (몇십 몇)+(몇)의 계산 원리를 이해할 수 있어요.
- 받아올림이 없는 (몇십 몇)+(몇십 몇)의 계산 원리를 이해할 수 있어요.

✻ 함께 알아봐요

가로셈은 세로셈으로 바꾸어 계산할 수 있어요.

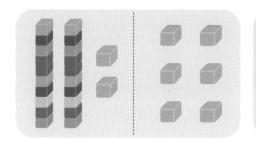

$$22 + 6 = 28$$

$$\begin{array}{rr} 2 & 2 \\ + & 6 \\ \hline 2 & 8 \end{array}$$

✻ 원리를 적용해요

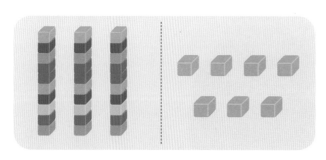

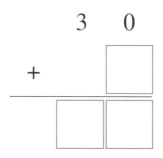

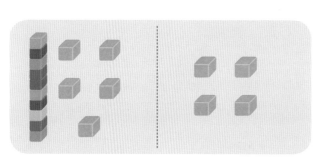

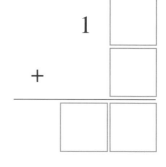

이야기 속 문제 해결

두꺼비의 말을 읽고 별과 땅콩의 수를 가로셈과 세로셈 2가지 방법으로 구해 보세요.

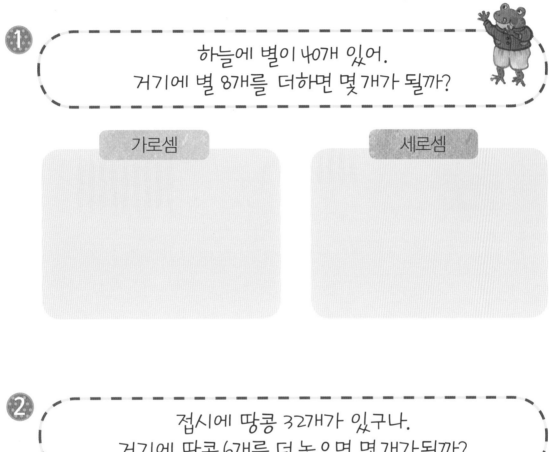

① 하늘에 별이 40개 있어.
거기에 별 8개를 더하면 몇 개가 될까?

가로셈	세로셈

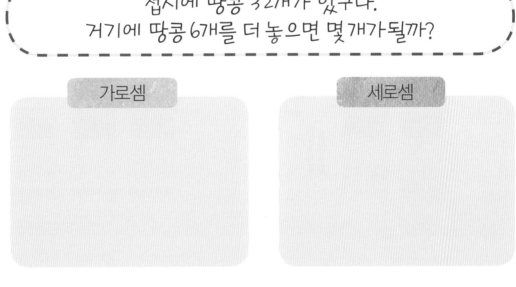

② 접시에 땅콩 32개가 있구나.
거기에 땅콩 6개를 더 놓으면 몇 개가 될까?

가로셈	세로셈

1 상자 안에는 연필이 10자루씩 들어 있어요. 연필은 모두 몇 자루인지 구해 보세요.

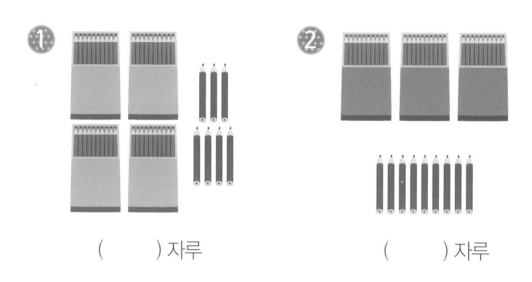

(   ) 자루   (   ) 자루

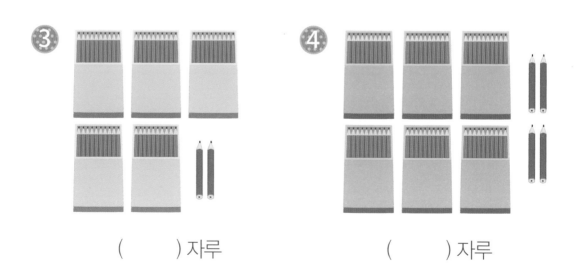

(   ) 자루   (   ) 자루

2 같은 줄에 있는 두 수를 더하여 빈칸에 알맞은 수를 쓰세요.

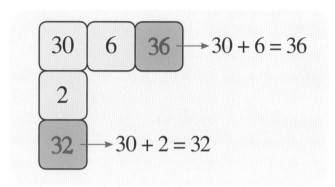

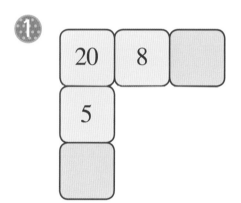

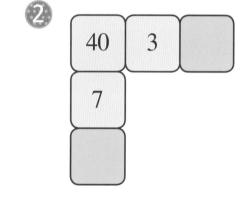

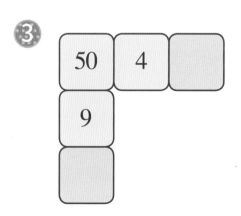

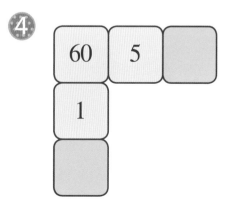

3 나이가 가장 많은 동물에 ◯표 해 보세요.

나에게 바나나 **21**개가 있어.
내 나이는 그것보다
8만큼 더 많지.

( )

저 사과나무에 사과가
32개 열려있어.
거기에 사과 **5**개를 더하면
내 나이와 같아.

( )

내 나이는 우리 집에 있는
병아리 **7**마리와
옆집에 있는 병아리 **12**마리를
모두 합한 것만큼이야.

( )

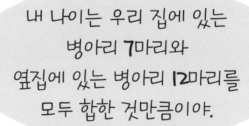

4 3장의 숫자 카드를 한 번씩만 사용해서 합이 가장 큰 덧셈식을 만들어 보세요.

| 2 | 6 | 3 |

$$
\begin{array}{r}
6\ 3 \\
+\ \ \ 2 \\
\hline
6\ 5
\end{array}
$$

$$
\begin{array}{r}
6\ 2 \\
+\ \ \ 3 \\
\hline
6\ 5
\end{array}
$$

①

| 7 | 5 | 4 |

②

| 2 | 8 | 7 |

1 도미노의 양쪽 점의 개수의 차가 가장 큰 것을 찾아 ◯표 해 보세요.

①

( )　　　　( )　　　　( )

②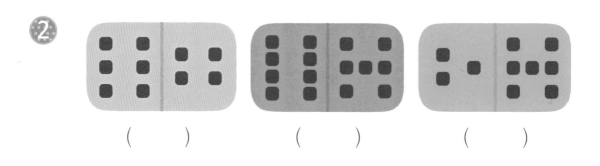

( )　　　　( )　　　　( )

③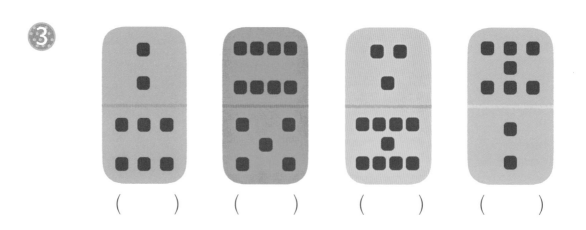

( )　　( )　　( )　　( )

2 다음은 지원이와 지우가 일주일 동안 읽은 동화책 쪽수입니다.
물음에 답해 보세요.

월	화	수	목	금	토	일
32	11	20	15	6	40	9

지원

월	화	수	목	금	토	일
16	5	34	28	10	7	22

지우

1 지원이가 동화책을 가장 많이 읽은 날과 가장 적게 읽은 날의
쪽수는 모두 얼마입니까?

(   ) 쪽

2 지우가 동화책을 가장 많이 읽은 날과 가장 적게 읽은 날의
쪽수는 모두 얼마입니까?

(   ) 쪽

3 토요일과 일요일에 동화책을 더 많이 읽은 사람은 누구입니까?

(   )

3 덧셈 결과가 작은 집의 글자부터 차례대로 빈칸에 써 보세요.

햇
37 + 2

두
20 + 6

모
12 + 7

잘
35 + 3

어
40 + 5

요
44 + 5

참
20 + 8

츤

4 3장의 숫자 카드를 한 번씩만 사용해서 (몇십)+(몇)의 덧셈식을 만들려고 합니다. 식을 만들어 보세요.

7	4	0

합이 가장 큰 경우   7 0 + 4 = 74

합이 가장 작은 경우   4 0 + 7 = 47

1

5	6	0

합이 가장 큰 경우

합이 가장 작은 경우

2

0	3	8

합이 가장 큰 경우

합이 가장 작은 경우

5 계산 결과가 같은 것끼리 줄로 이어 보세요.

3 + 6 •

26 + 1 •

10 + 50 •

22 + 7 •

8 − 3 •

• 7 + 22

• 6 − 1

• 9 + 0

• 40 + 20

• 21 + 6

6 두 명씩 짝을 지었을 때 몸무게의 합을 구해 보고, 몸무게의 합이 가장 큰 경우에 ◯표 해 보세요.

23 kg   21 kg   34 kg   25 kg   41 kg

두꺼비의 진짜 나이

"나는 70년이나 살았는데…….
두꺼비님, 저보다 나이가 많은 건가요?"
호랑이가 머리를 북북 긁적이며 물었어.
그랬더니 두꺼비가 90에서 30개를 뺀 만큼 살았다고 대답했지.

두꺼비 나이는 대답할 때마다 달라졌어.

그래도 호랑이랑 여우는

두꺼비가 몇 살인지 도저히 감을 잡을 수가 없었지.

호랑이가 계산하려고 애를 쓰고 있는데,

갑자기 두꺼비가 훌쩍훌쩍 울지 뭐야.

호랑이와 여우는 영문을 몰라 두꺼비를 달랬지.

"두꺼비님, 두꺼비님, 왜 우세요?"

"너희가 내 나이를 우습게 여기니 서러워 그런다."

호랑이랑 여우는 어찌해야 할지를 몰라 쩔쩔맸지.

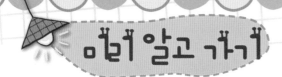

🌸 이런 것들을 배워요

• 받아내림이 없는 (몇십)−(몇십)을 계산할 수 있어요.
• 받아내림이 없는 (몇십 몇)−(몇)을 계산할 수 있어요.
• 받아내림이 없는 (몇십 몇)−(몇십 몇)을 계산할 수 있어요.

🌸 함께 알아보아요

30−10은 수 모형 30에서 10만큼 덜어낸 것과 같아요.
다음과 같이 계산할 수 있어요.

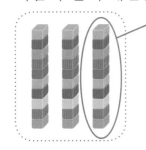

$$\begin{array}{rr} & 3\ 0 \\ - & 1\ 0 \\ \hline \end{array} \rightarrow \begin{array}{r|r} 3 & 0 \\ -\ 1 & 0 \\ \hline & 0 \end{array} \rightarrow \begin{array}{r|r} 3 & 0 \\ -\ 1 & 0 \\ \hline 2 & 0 \end{array}$$

🌸 원리를 적용해요

① 수모형에서 3만큼 덜어내고 빈칸에 알맞은 수를 쓰세요.

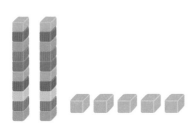

$$\begin{array}{rr} & 2\quad 5 \\ - & \quad 3 \\ \hline & 2\ \boxed{} \end{array}$$

② 수모형에서 15만큼 덜어내고 빈칸에 알맞은 수를 쓰세요.

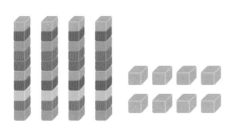

$$\begin{array}{rr} & 4\quad 8 \\ - & 1\quad 5 \\ \hline & 3\ \boxed{} \end{array}$$

84

두꺼비는 90에서 30을 뺀 만큼 살았다고 했어요. 두꺼비의 나이를
알아보세요.

1 90개의 돌멩이에서 30개의 돌멩이를 /로 표시하고 남은 돌멩이의
개수를 쓰세요.

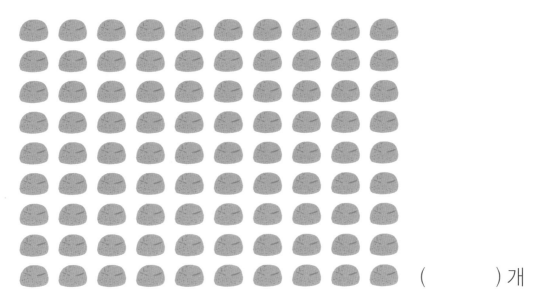

(   ) 개

2 90에서 30을 뺀 것을 식으로 쓰세요.

☐ − ☐ = ☐

3 두꺼비는 몇 살인지 두 가지 방법으로 읽으세요.

(   ) 살, (   ) 살

1 동물들이 징검다리를 뛰고 있습니다. 어떤 돌에 도착 하는지
○표 해 보세요.

앞으로 50가고 뒤로 30!

0   10   20   30   40   50   60   70   80   90

앞으로 80가고 뒤로 50!

0   10   20   30   40   50   60   70   80   90

앞으로 70가고 뒤로 20!

0   10   20   30   40   50   60   70   80   90

2 친구들이 필요한 블록만큼 묶고, 남은 블록의 수를 써 보세요.

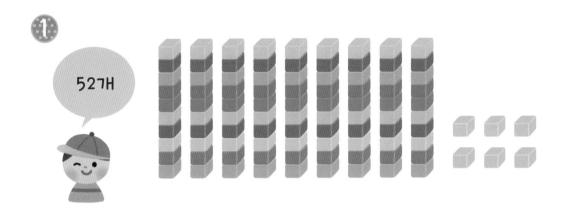

(   ) 개

(   ) 개

3 계산 결과가 같은 것끼리 줄로 이어 보세요.

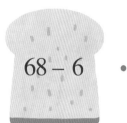

68 − 6 •

• 96 − 15

37 − 5 •

• 86 − 24

86 − 5 •

• 58 − 12

49 − 3 •

• 95 − 63

4 카드의 계산 결과가 큰 동물 순서대로 놀이기구 1부터 타려고 합니다. 알맞은 자리에 동물 붙임 딱지 를 붙여 보세요.

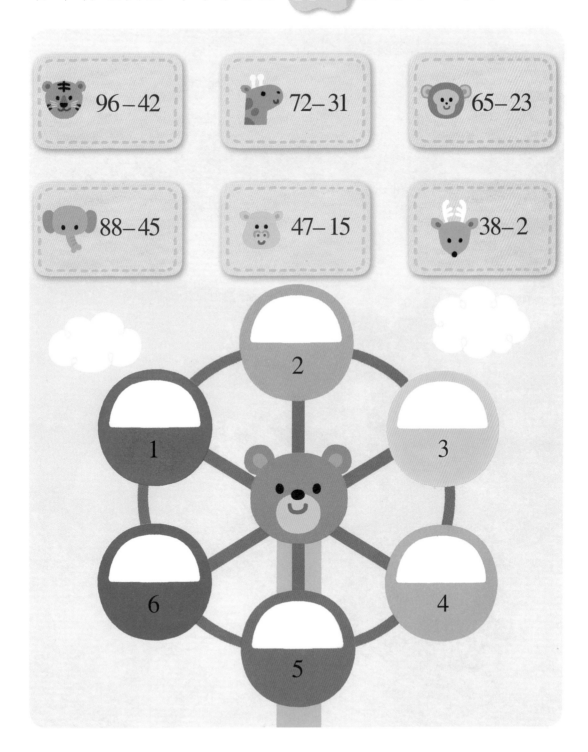

어리석은 호랑이와 여우

호랑이랑 여우랑 두꺼비는 각자 먹을 것을 구해 와서
공평하게 나눠 먹기로 했어.
날쌔게 사냥을 다녀온 호랑이가 물고기 세 마리를 내놓았지.
여우는 숲에서 구한 나무 열매 네 개를 내놓았어.
두꺼비는 먹고 남은 떡 하나를 내놓았지.
　"우리가 먹을 게 모두 몇 개지?"

호랑이랑 여우랑 두꺼비는 먹을 것의 수를 합쳐 보았어.

그랬더니 먹을 것이 꽤 넉넉해진 것 같더란 말이지.

그래서 셋은 우걱우걱 음식을 나눠 먹었지.

두꺼비만 속으로 낄낄낄 웃었어.

🌸 이런 것들을 배워요

• (한 자리 수)+(한 자리 수)+(한 자리 수)를 계산할 수 있어요.
• (한 자리 수)−(한 자리 수)−(한 자리 수)를 계산할 수 있어요.

🌸 함께 알아봐요

세 수의 덧셈은 다음과 같이 계산해요.

$$1 + 2 + 3 = 6$$
$$3$$
$$6$$

$$\begin{array}{r} 1 \\ + 2 \\ \hline 3 \end{array} \qquad \begin{array}{r} 3 \\ + 3 \\ \hline 6 \end{array}$$

세 수의 뺄셈은 다음과 같이 계산해요.

$$5 - 2 - 1 = 2$$
$$3$$
$$2$$

$$\begin{array}{r} 5 \\ - 2 \\ \hline 3 \end{array} \qquad \begin{array}{r} 3 \\ - 1 \\ \hline 2 \end{array}$$

🌸 원리를 적용해요

뺄셈식을 보고 빈칸에 알맞은 수를 써 보세요.

$$8 - 3 - 2 = \boxed{}$$

호랑이는 물고기 세 마리, 여우는 열매 네 개, 두꺼비는 떡 하나를
내놓았어요. 음식은 모두 몇 개인지 알아보세요.

1 호랑이, 여우, 두꺼비가 가지고 온 음식의 수만큼 ◯를 그리세요.

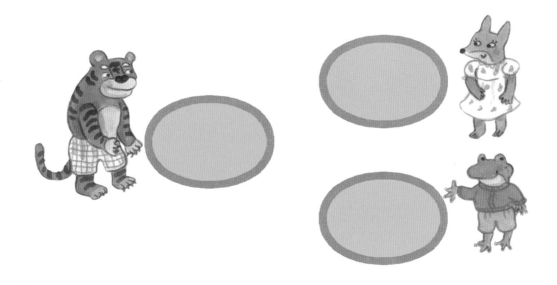

2 호랑이와 여우가 가지고 온 음식은 모두 몇 개인가요?

(   ) 개

3 호랑이, 여우, 두꺼비가 먹을 음식은 모두 몇 개인가요?

(   ) 개

1 꽃병에 있는 꽃은 모두 몇 송이인지 식을 만들어 알아보세요.

꽃의 수는

$2 + 3 + \boxed{} = \boxed{}$

(송이)입니다.

꽃의 수는

$\boxed{} + 3 + \boxed{} = \boxed{}$

(송이)입니다.

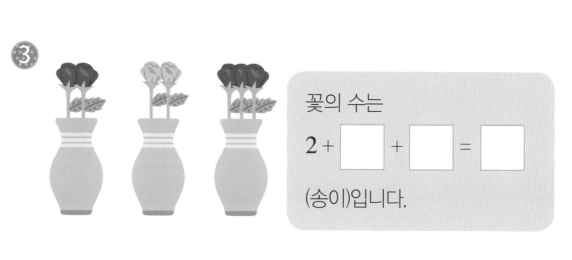

꽃의 수는

$2 + \boxed{} + \boxed{} = \boxed{}$

(송이)입니다.

2 개미의 몸에 쓰인 세 수를 더하여 깃발에 써 보세요.

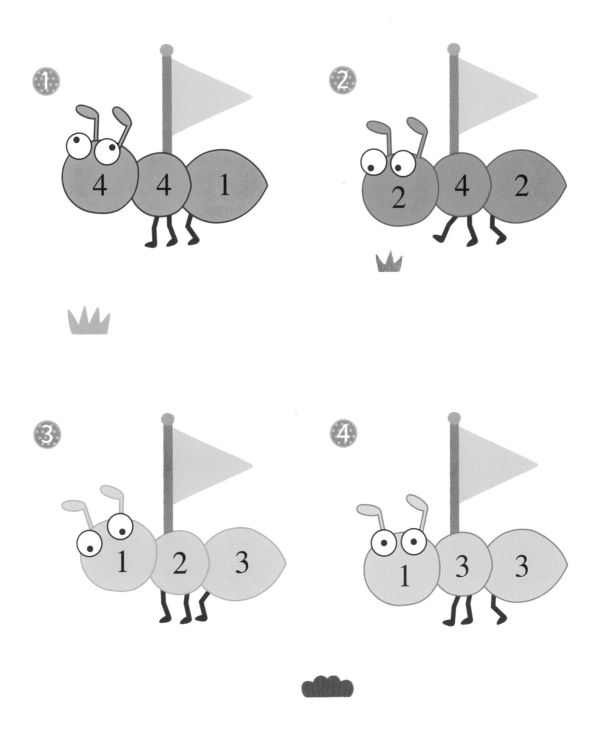

3 토끼가 집까지 길을 따라가면서 당근을 줍고 있어요. 당근을
모두 몇 개 주웠는지 빈칸에 알맞은 수를 써 보세요.

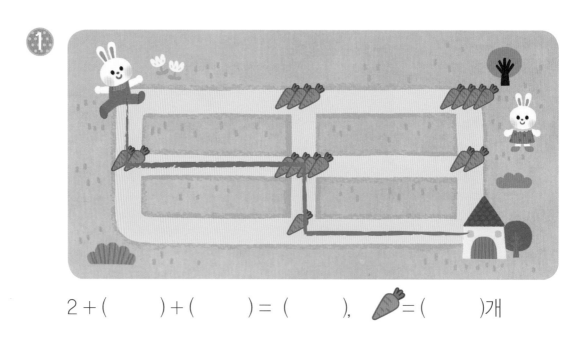

2 + (　　　) + (　　　) = (　　　), 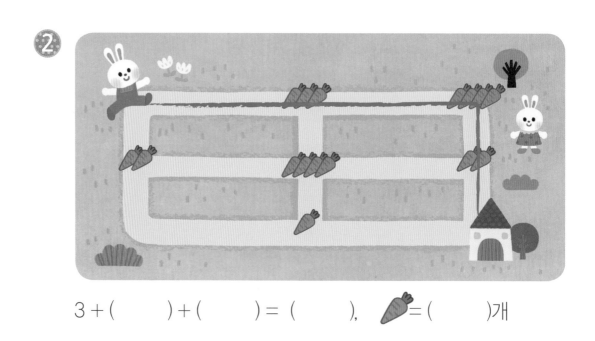 = (　　　)개

3 + (　　　) + (　　　) = (　　　), = (　　　)개

4 아기 토끼를 만나면 아기 토끼에게 당근 1개씩을 나누어
줍니다. 집에 도착했을 때 당근은 모두 몇 개 남았는지
빈칸에 알맞은 수를 써 보세요.

1

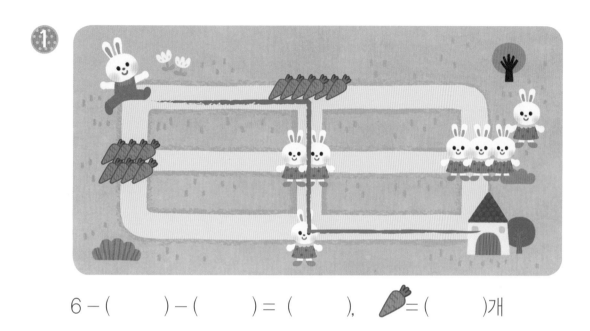

6 – (   ) – (   ) = (   ), = (   )개

2

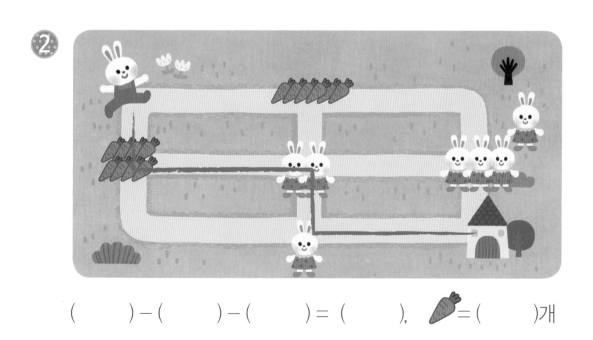

(   ) – (   ) – (   ) = (   ), = (   )개

두꺼비만 불러가는 배

호랑이랑 여우랑 두꺼비는 날마다 먹을 것을 구해 와서
같이 나눠 먹자고 약속했어.
호랑이는 숲에서 나무 열매를 구해 올 때도 있고,
먹음직스러운 물고기를 잡아 올 때도 있었지.
여우도 맛있는 나무 열매도 구해 오고 곡식도 구해 왔어.
두꺼비만 빈손으로 와서는 호랑이와 여우의 음식을 먹어 치웠어.
한날은 호랑이가 물고기를 5마리 잡아 오고,
여우가 나무 열매를 3개나 구해 왔어.

그런데 두꺼비가 빈손으로 와서는 물고기 3마리를 꿀꺽 먹어치웠지.

또 어떤 날은 호랑이가 버섯 4개를 구해 오고,

여우가 산삼 4뿌리를 구해 왔는데,

두꺼비가 빈손으로 와서는 산삼 3뿌리를 홀랑 먹어 치우기도 했어.

"이거 아무래도 이상한데."

"뭔가 손해 보는 느낌이야."

그래도 둘은 셈을 못하니 뭐가 문제고, 뭐가 손해인지 알아채질 못했어.

두꺼비만 낄낄거리면서 부푼 배를 두드릴 뿐이었지.

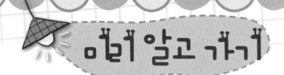

✸ 이런 것들을 배워요

- (한 자리 수)+(한 자리 수)−(한 자리 수)를 계산할 수 있어요.
- (한 자리 수)−(한 자리 수)+(한 자리 수)를 계산할 수 있어요.
- 덧셈식을 뺄셈식으로, 뺄셈식을 덧셈식으로 나타낼 수 있어요.

✸ 함께 알아봐요

덧셈과 뺄셈이 섞여 있는 세 수의 계산은 다음과 같이 합니다.

$$4 + 2 - 3 = 3$$

$$6$$

$$3$$

$$\begin{array}{r} 4 \\ + 2 \\ \hline 6 \end{array} \qquad \begin{array}{r} 6 \\ - 3 \\ \hline 3 \end{array}$$

그림과 관련된 덧셈식과 뺄셈식을 만들 수 있습니다.

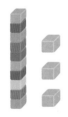

$$13 + 2 = 15$$
$$15 - 13 = 2$$
$$15 - 2 = 13$$

✸ 원리를 적용해요

다음을 계산해 보세요.

$$4 - 2 + 3 = \boxed{}$$

$$\begin{array}{r} 4 \\ - 2 \\ \hline \boxed{} \end{array} \qquad \begin{array}{r} \boxed{} \\ + 3 \\ \hline \boxed{} \end{array}$$

1 호랑이가 물고기 5마리를 잡고, 여우가 나무 열매 3개를 구했어요. 두꺼비는 그중 물고기 3마리를 먹었어요. 물음에 답해 보세요.

① 호랑이와 여우가 가지고 온 음식의 수만큼 ◯를 그려 보고 모두 몇 개인지 구하세요.

( )개

② 두꺼비가 먹은 물고기를 위 그림에서 /표 하고, 남은 음식은 모두 몇 개인지 구하세요.

( )개

2 호랑이가 버섯 4개를 따고, 여우가 산삼 4뿌리를 구했어요. 두꺼비는 그중 산삼 3뿌리를 먹었어요. 물음에 답해 보세요.

① 호랑이와 여우가 가지고 온 음식의 수만큼 ◯를 그려 보고 모두 몇 개인지 구하세요.

( )개

② 두꺼비가 먹은 산삼을 위 그림에서 /표 하고, 남은 음식은 모두 몇 개인지 구하세요.

( )개

1 화살이 꽂힌 곳에 있는 수만큼 동그라미 판은 점수를 얻고 꽃 그림 판은 점수를 내주어야 합니다. 친구가 받은 점수를 구해 보세요.

❶

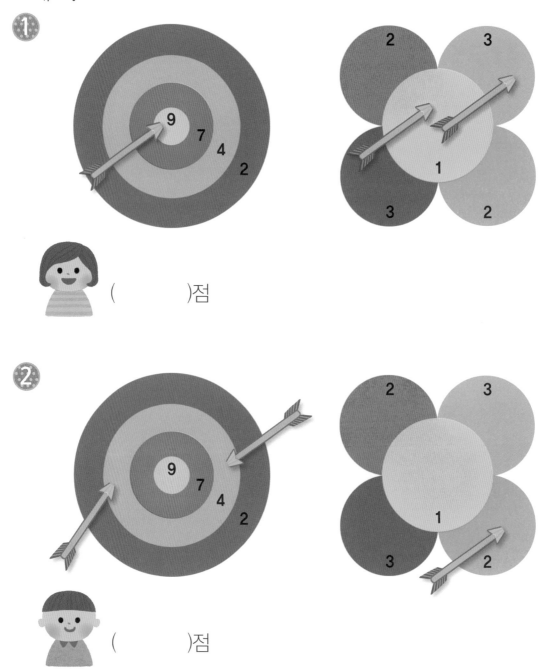

(   )점

❷

(   )점

2 ☐ 안에 + 또는 − 를 넣어 식을 완성해 보세요.

1️⃣ CCCCCCCCCCCCCCC
5 ☐ 4 ☐ 2 = 7

2️⃣ CCCCCCCCCCCCCCC
8 ☐ 3 ☐ 2 = 7

3️⃣ CCCCCCCCCCCCCCC
6 ☐ 3 ☐ 2 = 5

4️⃣ CCCCCCCCCCCCCCC
7 ☐ 2 ☐ 3 = 6

5️⃣ CCCCCCCCCCCCCCC
7 ☐ 2 ☐ 4 = 9

3 공깃돌을 세며 여러 가지 식을 만들어 보세요.

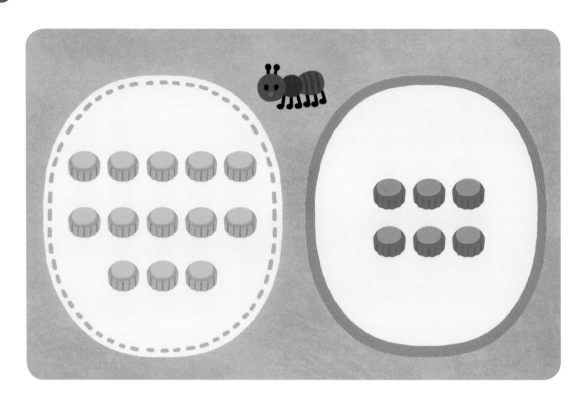

① 전체 공깃돌의 수를 구하는 식

(   ) + (   ) = (   )

② 전체 공깃돌의 수에서 초록색 공깃돌의 수를 빼는 식

(   ) − (   ) = (   )

③ 전체 공깃돌의 수에서 빨간색 공깃돌의 수를 빼는 식

(   ) − (   ) = (   )

4 그림에 어울리는 덧셈식과 뺄셈식을 모두 찾아 줄로 이어 보세요.

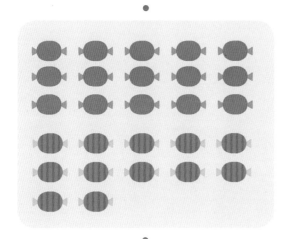

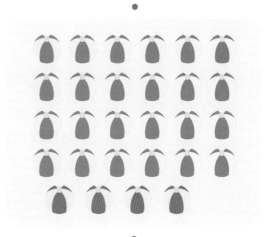

1 계산 결과에 따라 풍선을 예쁘게 색칠해 보세요.

10 ▨ 12 ▨ 15 ▨ 23 ▨ 24 ▨

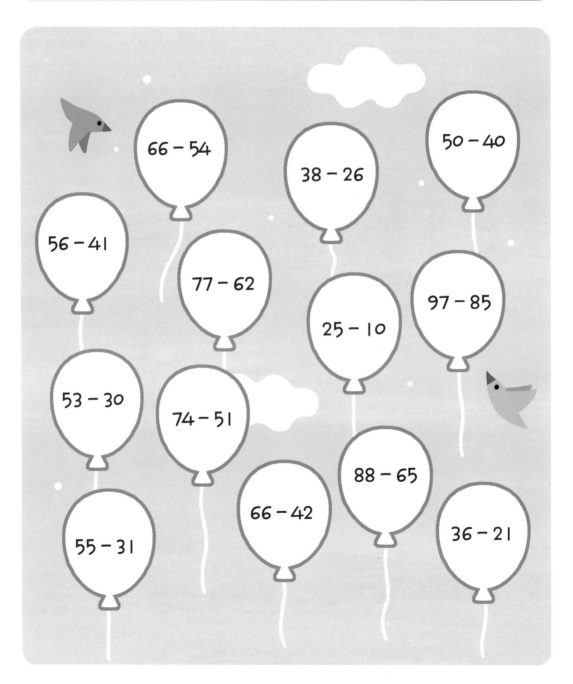

2 저울에 올려진 장난감의 무게를 합하여 저울에 표시될 무게를 써 보세요.

3 저울의 무게를 보고 알맞은 과일을 찾아 저울에 과일 붙임 딱지 를 붙여 보세요.

4 ☐ 안의 세 수를 더하면 ⬤ 안의 수가 됩니다. 빈칸에
알맞은 수를 써 보세요.

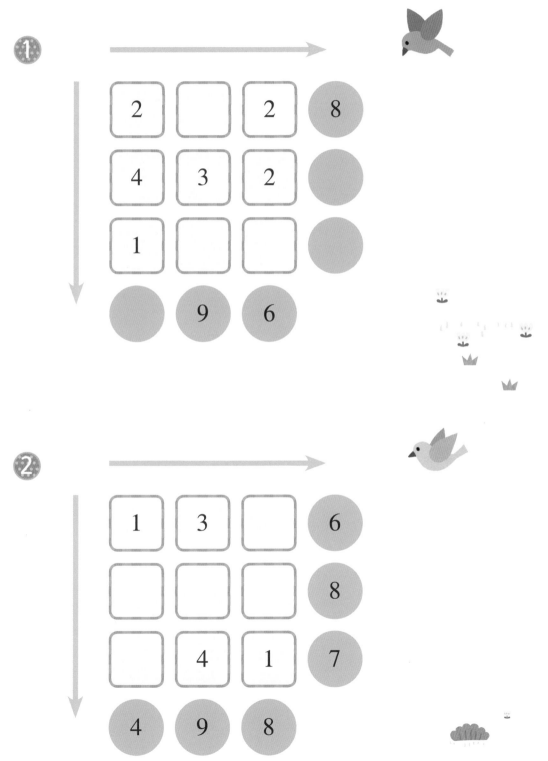

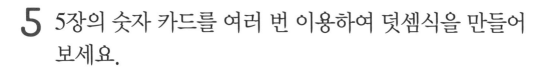

5 5장의 숫자 카드를 여러 번 이용하여 덧셈식을 만들어 보세요.

| 1 | 2 | 3 | 4 | 5 |

 7이 되는 덧셈식을 모두 만드세요.

$$\boxed{} + \boxed{} + \boxed{} = 7$$

$$\boxed{} + \boxed{} + \boxed{} = 7$$

$$\boxed{} + \boxed{} + \boxed{} = 7$$

$$\boxed{} + \boxed{} + \boxed{} = 7$$

 8이 되는 덧셈식을 모두 만드세요.

$$\boxed{} + \boxed{} + \boxed{} = 8$$

$$\boxed{} + \boxed{} + \boxed{} = 8$$

$$\boxed{} + \boxed{} + \boxed{} = 8$$

$$\boxed{} + \boxed{} + \boxed{} = 8$$

6 □ 안의 수가 더 큰 쪽을 따라 길을 찾아가 보세요.

①

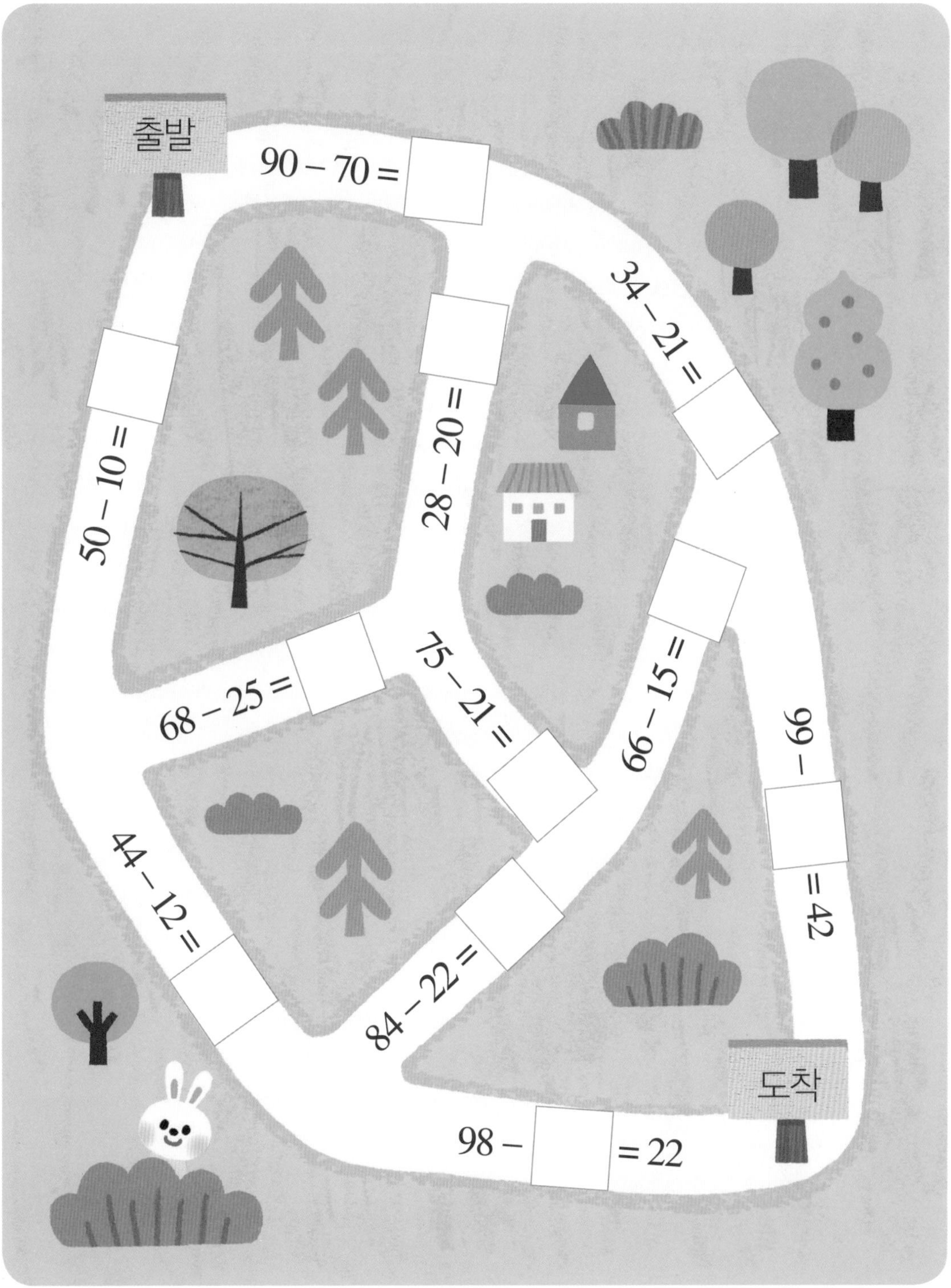

출발

$90 - 70 =$ □

$34 - 21 =$ □

$50 - 10 =$ □

$28 - 20 =$ □

$66 - 15 =$ □

$99 - $ □ $= 42$

$68 - 25 =$ □

$75 - 21 =$ □

$44 - 12 =$ □

$84 - 22 =$ □

도착

$98 - $ □ $= 22$

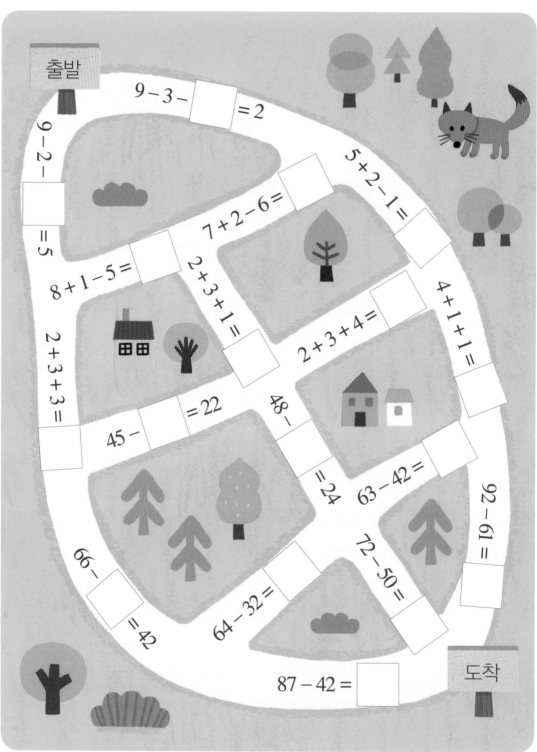

출발

$9 - 3 - \boxed{} = 2$

$9 - 2 - \boxed{} = 5$

$5 + 2 - 1 = \boxed{}$

$7 + 2 - 6 = \boxed{}$

$8 + 1 - 5 = \boxed{}$

$2 + 3 + 1 = \boxed{}$

$4 + 1 + 1 = \boxed{}$

$2 + 3 + 4 = \boxed{}$

$2 + 3 + 3 = \boxed{}$

$45 - \boxed{} = 22$

$48 - \boxed{} = 24$

$63 - 42 = \boxed{}$

$92 - 61 = \boxed{}$

$66 - \boxed{} = 42$

$64 - 32 = \boxed{}$

$72 - 50 = \boxed{}$

$87 - 42 = \boxed{}$

도착

정답을
알아봐요

정답과 풀이

풀이해 봐요

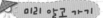
미리 알고 가기

★ 이런 것들을 배워요
- 수의 가르기와 모으기를 할 수 있어요.
- 규칙을 이해하여 5 만들기 놀이를 할 수 있어요.

★ 함께 알아봐요

4를 두 수로 갈라 보면 다음과 같아요.

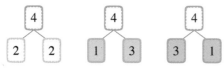

★ 원리를 적용해요

두 수를 모아 ⬜ 안에 알맞은 수를 써 보세요.

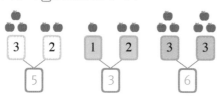

이야기 속 문제 해결

시루떡 5개를 호랑이, 여우, 두꺼비는 어떻게 나누어 먹기로 했는지 빈칸에 알맞은 수를 써 보세요.

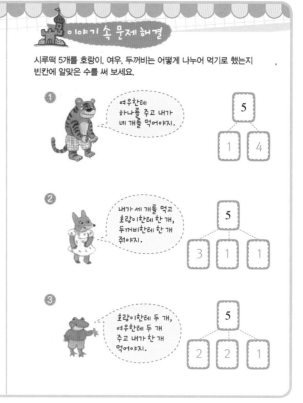

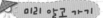
풀이

실력 튼튼 문제

1 원숭이 2마리가 바나나 3개를 나누어 먹으려고 해요. 어떻게 나누어 먹을 수 있을지 ⬜에 알맞은 수를 써 보세요.

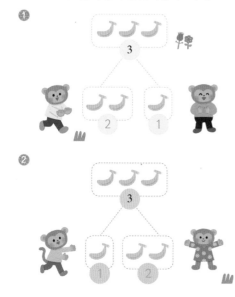

2 수를 두 수로 가르기 하여 빈칸에 알맞은 수를 써 보세요.

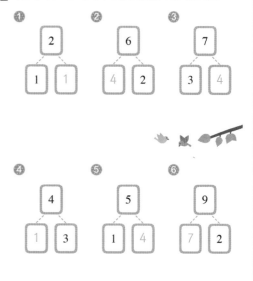

2

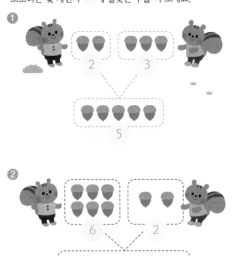

3 다람쥐 2마리가 도토리를 모으고 있어요. 다람쥐들이 모은 도토리는 몇 개인지 ☐ 에 알맞은 수를 써 보세요.

① 2 3 → 5

② 6 2 → 8

4 흰둥이와 검둥이가 뼈다귀 3개씩을 가지고 있어요. 다음 물음에 답해 보세요.

① 흰둥이와 검둥이가 가지고 있는 뼈다귀를 모으면 모두 몇 개가 될까요?

6 개

② 흰둥이가 검둥이에게 뼈다귀 1개를 주었어요.

흰둥이의 뼈다귀는 (2)개가 되고, 검둥이의 뼈다귀는 (4)개가 되어서, 두 강아지가 가지고 있는 뼈다귀를 모으면 모두 (6)개가 돼요.

3

① 2와 3을 모으면 5가 됩니다.

② 6과 2를 모으면 8이 됩니다.

[참고]

모으고 가르기를 처음 접근할 때는 구체물을 활용해서 직접 체험해 보는 것이 좋습니다. 하지만 구체물에 만 지속적으로 의존하지 말고 점차 수에 대한 양감을 통해서 수 상황에서 모으고 가르기를 할 수 있도록 합니다.

4

① 두 마리의 강아지가 각각 3개씩의 뼈다귀를 가지고 있으므로 3과 3을 모으면 6이 됩니다.

② 흰둥이가 검둥이에게 뼈다귀 1개를 주면 흰둥이는 2개, 검둥이는 4개가 됩니다. 2와 4를 모아도 6이 됩니다.

[참고]

물건이 이동했을 때 어느 한 쪽은 하나가 줄어들고 다른 쪽은 하나가 늘어나므로 전체의 합은 변하지 않습니다.

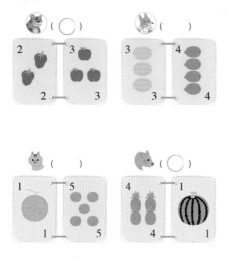

5 동물 친구들이 수 만들기 놀이를 하고 있어요. 물음에 답해
보세요.

① 두 장의 카드에 있는 과일이 모두 5개가 되는 경우에 ○표
하세요.

② 카드 두 장에 있는 과일이 모두 7개가 되는 경우를 찾아 줄로
이어 보세요.

③ 카드 두 장에 있는 과일이 모두 9개가 되도록 빈 카드에 수와
○표를 넣어 보세요.

① ②

풀
이

생각 열기

카드를 통해서 정해진 수를 모으는 게임은 그냥
문제를 통해 모으기 연습을 하는 것보다 아이들
이 흥미로워 합니다. 가정에서도 아이들과 함께
수 카드를 직접 만들어 수 모으기 활동을 해 볼
수 있습니다.
카드에는 수와 구체물에 대한 그림이 동시에 나
오므로 자연스럽게 구체물 개수의 합과 수의 덧
셈이 연결됩니다.

5

① 두 수가 모여서 5가 되는 경우는 (1과 4),
(2와 3), (3과 2), (4와 1)의 경우입니다.

② 두 수가 모여서 7이 되는 경우는 (1과 6),
(2와 5), (3과 4), (4와 3), (5와 2), (6과 1)입니
다.

③ 나머지 한 카드의 수와 과일의 개수를 생각
하면서 수의 가르기 또는 5+□=9
또는 □+6=9의 상황과 연결 지을 수 있습
니다.

미리 알고 가기

❀ 이런 것들을 배워요
- 덧셈이 이루어지는 상황을 이해할 수 있어요.
- 덧셈식을 쓰고 읽을 수 있어요.
- 덧셈을 할 수 있어요.

❀ 함께 알아봐요

기린 두 마리가 나뭇잎을 먹고 있는데 또 다른 기린 한 마리가 나뭇잎을 먹으러 옵니다.

쓰기 : 2 + 1

읽기 : 2 더하기 1

❀ 원리를 적용해요

나무늘보의 수를 구하는 덧셈식을 쓰고 답을 구해 보세요.

식 : 4+1

답 : 5

이야기 속 문제 해결

호랑이, 여우, 두꺼비가 산삼을 얼마나 구했는지 알아보세요.

① 호랑이와 여우는 산삼을 몇 뿌리씩 캤는지 빈칸에 알맞은 수를 쓰세요.

호랑이는 산삼을 (3)뿌리 구해 왔고,
여우는 산삼을 (2)뿌리 구해 왔어요.

② 두꺼비의 말을 읽고, 덧셈식을 쓰고 읽어 보세요.

난 산삼 세 뿌리에 두 뿌리를 더 구했지.

쓰기 : 3+2   읽기 : 3 더하기 2

③ 두꺼비는 자신이 모두 몇 뿌리의 산삼을 캤다고 했나요?

5 뿌리

실력 튼튼 문제

1 덧셈이 필요한 상황을 찾아 ○표 하세요.

토끼가 사과 2개를 먹었어요.   친구에게 구슬을 2개 주어요.   비둘기 2마리가 더 날아와요.

( )   ( )   (○)

2 그림을 보고 덧셈식을 써 보세요.

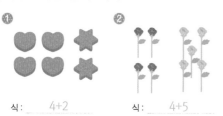

① 식 : 4+2   ② 식 : 4+5

3 그림을 보고, 알맞은 덧셈식을 쓰고 읽어 보세요.

①
쓰기 : 1+3
읽기 : 1 더하기 3

②
쓰기 : 4+4
읽기 : 4 더하기 4

4 그림을 보고, 잘못 말한 아기돼지에게 ○표 해 보세요.

식으로 쓰면 5+2가 되네.   5 더하기 5라고 하지.   그럼 사과는 모두 7개가 되겠네.

( )   (○)   ( )

정답과 풀이 5

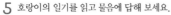

5 호랑이의 일기를 읽고 물음에 답해 보세요.

떡 할머니가 인절미 3개와 꿀떡 1개를 주었다. 그중 여우가 인절미 2개를 먹고 보답으로 사과 2개를 나에게 주었다. 조금 있으니까 두꺼비가 와서 꿀떡 1개를 먹고 사과 3개를 주고 갔다. 친구들과 떡도 나누어 먹고 사과도 많이 생겨서 기분이 좋았다.

① 떡 할머니가 호랑이에게 준 떡은 모두 몇 개인지 식을 쓰고 답을 구하세요.

식 : ___3+1___ 답 : ___4___ (개)

② 여우와 두꺼비가 먹은 떡은 모두 몇 개인지 식을 쓰고 답을 구하세요.

식 : ___2+1___ 답 : ___3___ (개)

③ 호랑이가 여우와 두꺼비에게 받은 사과는 모두 몇 개인지 식을 쓰고 답을 구하세요.

식 : ___2+3___ 답 : ___5___ (개)

6 덧셈 상황의 문장을 완성하고 식으로 써 보세요.

①
개구리 (4)마리가 헤엄을 치고 있어요. 그런데 개구리 (1)마리가 헤엄 치러 물속으로 더 뛰어들어요.
식 : 4+1

②
꽃병에 꽃이 (5)송이 있었어요. 꽃병에 (3)송이의 꽃을 더 꽂아요.
식 : 5+3

③
꿀벌 (3)마리가 꽃 위를 날아다녀요. 멀리서 꿀벌 (3)마리가 더 날아오고 있어요.
식 : 3+3

풀이

5

① 떡 할머니가 호랑이에게 인절미 3개와 꿀떡 1개를 주었으므로 모두 3+1=4(개)입니다.

② 여우가 인절미 2개, 두꺼비가 꿀떡 1개를 먹었으므로 모두 2+1=3(개)를 먹었습니다.

[틀리기 쉬워요]
여우와 두꺼비가 먹은 떡은 호랑이의 입장에서는 뺄셈 상황이지만 문제에서 묻는 것은 두 동물이 먹은 떡의 개수이므로 덧셈을 사용해야 합니다.

③ 여우에게 사과 2개를 받고 두꺼비에게 사과 3개를 받았으므로 모두 2+3=5(개)입니다.

6

① 개구리 1마리가 물속으로 뛰어 들어가므로 4+1이 됩니다. 4+1=5입니다.

② 꽃병에 3송이의 꽃이 더 꽂히므로 5+3이 됩니다. 5+3=8입니다.

③ 벌 3마리가 더 날아오므로 3+3의 상황이 됩니다. 3+3=6입니다.

미리 알고 가기

✿ 이런 것들을 배워요
- 어떤 수에 0을 더할 수 있음을 알고 덧셈을 할 수 있어요.
- 0에 어떤 수를 더할 수 있음을 알고 덧셈을 할 수 있어요.

✿ 함께 알아봐요

닭의 수를 다음과 같은 덧셈식으로 구할 수 있어요.

> 수탉은 암탉보다 벼슬도 크고 깃털도 화려해요.

🐔 수탉은 몇 마리입니까? (3)마리
🐔 암탉은 몇 마리입니까? (0)마리

닭의 수를 구하는 덧셈식을 다음과 같이 쓸 수 있어요.

🐔 $3 + 0 = 3$

✿ 원리를 적용해요

❶ $2 + 0 = 2$

❷ $0 + 4 = 4$

이야기 속 문제 해결

호랑이와 여우, 두꺼비가 잡은 물고기는 모두 몇 마리인지 알아보세요.

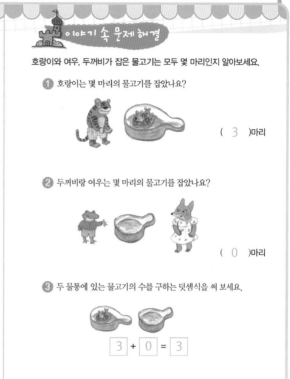

❶ 호랑이는 몇 마리의 물고기를 잡았나요?

(3)마리

❷ 두꺼비랑 여우는 몇 마리의 물고기를 잡았나요?

(0)마리

❸ 두 물통에 있는 물고기의 수를 구하는 덧셈식을 써 보세요.

$3 + 0 = 3$

생각 열기

(어떤 수)+0을 식으로 먼저 생각하기보다는 상황과 연결해서 생각해 봅니다. 얼마만큼의 양에 하나도 없는 것을 더하면 양의 변화가 없다는 것을 알 수 있습니다.
이것이 식으로도 그대로 적용이 되어서
(어떤 수)+0 또는 0+(어떤 수)의 결과는 그대로 (어떤 수)가 됩니다.

[참고]

동물에는 외형적으로 암수 구별이 되는 것이 있습니 다. 수탉은 벼슬이 크고, 깃털이 화려하며 암탉에 비해 몸집이 큽니다.

수사자는 머리 주변에 갈기털이 있고 암사자는 없습니다.

수자사   암사자

풀이

실력 튼튼 문제

1 상자에 머핀이 들어 있습니다. 머핀의 수를 구하는 덧셈식을 알아보세요.

❶ 초코 머핀은 몇 개 있습니까?

(4)개

❷ 체리 머핀은 몇 개 있습니까?

(0)개

❸ 머핀의 수를 구하는 덧셈식을 쓰세요.

4 + 0 = 4

2 다음을 계산하여 □ 안에 알맞은 수를 쓰세요.

❶ 0 + 1 = 1

❷ 2 + 0 = 2

❸ 3 + 0 = 3

❹ 0 + 5 = 5

3 그림을 보고 꽃과 나뭇잎의 개수를 구하는 알맞은 식을 써 보세요.

식 : 0+2   식 : 4+0

4 친구들의 대화를 읽고 물음에 답하세요.

흰색 바둑돌과 검은색 바둑돌이 몇 개씩 있어?

내 손에는 바둑돌이 3개 있어. 검은색 바둑돌은 3개 있지.

❶ 👧의 손에 흰색 바둑돌은 몇 개 있습니까?

(0)개

❷ 👦의 손에 있는 바둑돌의 수를 나타내는 덧셈식을 쓰세요.

0 + 3 = 3

풀이

1

초코 머핀은 4개 있고 체리 머핀은 한 개도 없으므로 머핀 전체의 개수는 4+0=4(개)입니다.

2

(어떤 수)+0=(어떤 수)
0+(어떤 수)=(어떤 수)

3

[틀리기 쉬워요]

꽃병이나 나무의 줄기를 세지 않도록 주의합니다.

4

❶ 👦의 손에는 바둑돌이 3개 있는데 검은색만 3개 있으므로 흰색은 한 개도 없습니다.

❷ 흰색 바둑돌과 검은색 바둑돌의 개수의 합은 0+3=3(개)입니다.

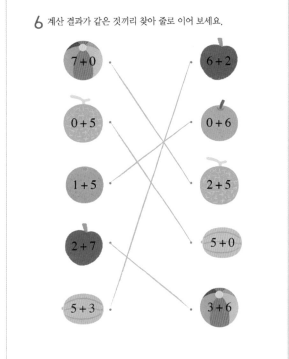

5

이야기를 읽으면서 덧셈과 뺄셈이 필요한 상황을 이해하고 식을 바르게 세웁니다.

(어떤 수)+0=(어떤 수)가 되는 것을 상황을 통해 이해할 수 있습니다.

6

계산의 결과는 다음과 같습니다.

7+0=7   6+2=8

0+5=5   0+6=6

1+5=6   2+5=7

2+7=9   5+0=5

5+3=8   3+6=9

 창의력 쑥쑥 문제

1 초콜릿 6개를 준서와 지아가 똑같이 나누어 먹었어요.
준서와 지아는 초콜릿을 몇 개씩 먹었을까요?

(3)개

2 9를 두 수로 가른 경우를 써 보세요.

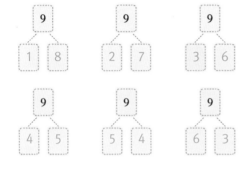

3 아래의 두 수를 모아서 수 피라미드를 완성해 보세요.

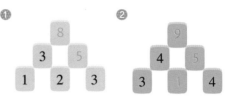

4 그림을 보고 상황에 알맞은 덧셈식과 답을 써 보세요.

식 : 4+3
답 : 7

식 : 4+0
답 : 4

풀이

1

6은 1+5, 2+4, 3+3으로 가르기를 할 수 있습니다. 지아와 준서가 초콜릿을 똑같이 나누어야 하므로 준서와 지아는 3개씩 나누어 먹을 수 있습니다.

2

9를 가르기 할 수 있는 경우는 주어진 경우 외에도 0+9, 7+2, 8+1, 9+0을 찾을 수 있습니다.

4

그림을 보고 다양한 이야기를 만들어 보고 그림에 어울리는 식을 만들 수 있습니다.

① 새 4마리가 앉아 있는데 3마리가 더 날아오는 상황에 알맞은 덧셈식을 세웁니다.

② 귤 4개가 있는 바구니에 귤이 아무것도 없는 바구니가 있는 상황에 알맞은 덧셈식을 세웁니다.

5 같은 선 위의 두 수를 더한 결과가 가운데 ○안의 수가 되도록 ○ 안에 알맞은 수를 써보세요.

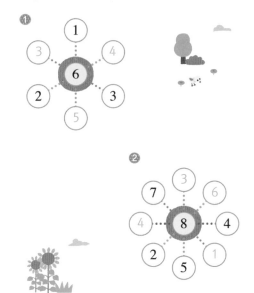

6 식을 보고 잘못 말한 아기 돼지에게 ○표 해 보세요.

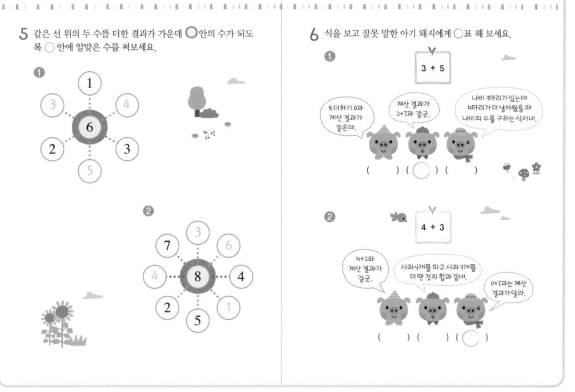

7 □ 안에 알맞은 수를 써 넣고 계산 결과가 큰 수를 따라 떡을 먹을 수 있는 길을 찾아보세요.

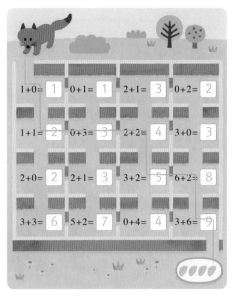

8 빈칸에 들어갈 알맞은 ♥의 개수만큼 ○를 그려 보세요.

가로로 3을 만들어야 하므로 ○ 2개가 들어가야 합니다.

세로로 5를 만들어야 하므로 ○ 2개가 들어가야 합니다.

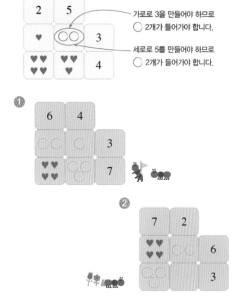

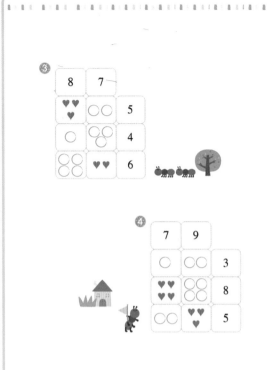

9 규칙을 찾아 표의 빈칸에 알맞은 수를 써 보세요.

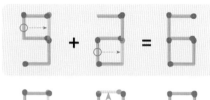

10 2개의 성냥개비를 이동해서 바른 덧셈식이 되도록 해 보세요.

8

①: 3과 2를 모으면 5가 되므로 ○○가 들어갑니다.

②: 4와 2를 모으면 6이 되므로 ○○○○가 들어갑니다.

③: 세로로 ○○○와 ○○○○를 모으면 7이 되므로 8이 되려면 ○가 들어갑니다.

④: 세로로 ○○와 ○○를 모으면 4가 되므로 7이 되려면 ○○○가 들어갑니다.

9

같은 위치에 있는 두 수의 합을 써 주는 규칙으로 다음과 같이 답을 구할 수 있습니다.

8	5+4 =9	3+3 =6
0+5 =5		7+1 =8
6+3 =9	6	9+0 =0

10

두 수의 합이 7이 되는 경우는 0+7, 1+6, 2+5, 3+4, 4+3, 5+2, 6+1, 7+0이므로 성냥개비 식 6+4를 성냥개비 2개만 움직여서 위의 식 중 어느 것으로 어떻게 만들 수 있을지 생각해 봅니다.

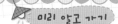

미리 알고 가기

❋ **이런 것들을 배워요**
- 뺄셈이 이루어지는 상황을 이해하고 뺄셈식을 쓰고 읽을 수 있어요.
- 전체를 빼는 경우와 0을 빼는 경우의 뺄셈식을 쓰고 읽을 수 있어요.

❋ **함께 알아봐요**

쓰기 6 − 2 = 4

읽기 6 빼기 2는 4와 같습니다.
6과 2의 차는 4입니다.

쓰기 7 − 4 = 3

읽기 7 빼기 4는 3과 같습니다.
7과 4의 차는 3입니다.

5 − 5 = 0
전체에서 전체를 **빼요**.

5 − 0 = 5
전체에서 0을 **빼요**.

❋ **원리를 적용해요**

쓰기 8 − 3 = 5

읽기 8 빼기 (3)은 5와 같아요.
8과 (3)의 차는 (5)예요.

이야기 속 문제 해결

뺄셈식을 완성하고 뺄셈식을 2가지 방법으로 읽어 보세요.

① 시루떡 5개가 있어요.
두꺼비가 시루떡 3개를 꿀꺽 삼켜 버렸어요.
남은 시루떡은 몇 개일까요?

 5 − 3 = 2

읽기 5 빼기 3은 2와 같습니다.
5와 3의 차는 2입니다.

② 물고기 4마리가 있어요.
여우가 물고기 1마리를 꿀꺽 먹어 버렸어요.
남은 물고기는 몇 마리일까요?

 4 − 1 = 3

읽기 4 빼기 1은 3과 같습니다.
4와 1의 차는 3입니다.

실력 튼튼 문제

1 뺄셈식을 보고 이야기를 만들었어요. 빈칸에 알맞은 수를 써 보세요.

①   8 − 3 = 5

미어캣 8마리가 보초를 서고 있어요.
그중 (3)마리가 굴 속으로 들어갔어요.
남아있는 미어캣은 모두 (5)마리예요.

② 6 − 2 = 4

6명의 친구들이 놀이터에서 놀고 있어요.
그 중 (2)명이 배가 아파서 집에 갔어요.
남아있는 친구들은 모두 (4)명이에요.

③ 9 − 6 = 3

색종이 9장이 있어요.
그중 (6)장으로 종이접기를 했어요.
남아있는 색종이는 모두 (3)장이에요.

2 그림을 보고 질문에 맞게 뺄셈식으로 나타내어 보세요.

① 병아리는 닭보다 몇 마리 더 많을까요?

 6 − 3 = 3 (마리)

② 새는 토끼보다 몇 마리 더 많을까요?

 5 − 1 = 4 (마리)

③ 얼음 위의 펭귄은 물속에 있는 펭귄보다 몇 마리 더 많을까요?

 4 − 3 = 1 (마리)

3 이야기를 읽고 뺄셈식으로 나타내어 보세요.

네모 모양 접시에는 사과 6개가 놓여 있고 동그라미 모양 접시에는 귤 5개가 놓여 있어요. 민수는 배가 고파서 사과 6개를 먹었어요.

① 민수가 과일을 먹고 난 후 네모 접시에 남아 있는 사과의 수를 구하는 뺄셈식을 만드세요.

$$6 - 6 = 0$$

② 민수가 과일을 먹고 난 후 동그란 접시에 남아 있는 귤의 수를 구하는 뺄셈식을 만드세요.

$$5 - 0 = 5$$

4 뺄셈식의 결과가 같은 것끼리 같은 색으로 색칠해 보세요.

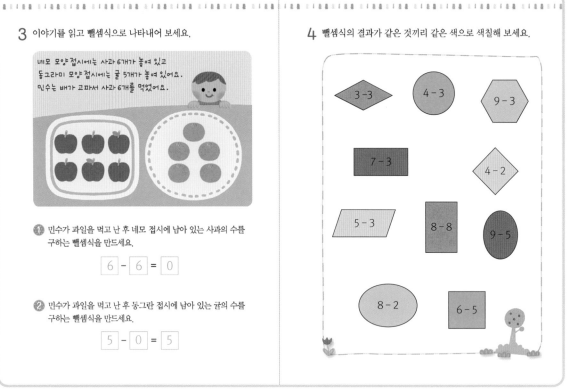

풀이

3

① 민수는 사과 6개 중에서 사과 6개를 먹었습니다. 이런 상황을 통해 (전체) - (전체)=0이 됨을 알 수 있습니다.

② 민수는 귤 5개 중에서 귤을 한 개도 먹지 않았습니다. 어떤 수에서 0을 빼면 그 값은 변하지 않는다는 상황을 통해 (어떤 수) - 0=(어떤 수)가 됨을 알 수 있습니다.

4

뺄셈식의 결과는 다음과 같습니다.

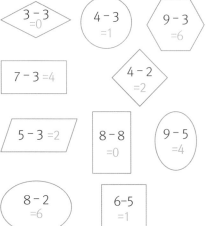

3 - 3 =0
4 - 3 =1
9 - 3 =6
7 - 3 =4
4 - 2 =2
5 - 3 =2
8 - 8 =0
9 - 5 =4
8 - 2 =6
6-5 =1

미리 알고 가기

이런 것들을 배워요
- 덧셈식을 보고 뺄셈식을 만들 수 있어요.
- 뺄셈식을 보고 덧셈식을 만들 수 있어요.

함께 알아봐요

$$5 + 3 = 8$$
$$8 - 3 = 5 \qquad 8 - 5 = 3$$

덧셈식을 뺄셈식으로 나타낼 수 있어요.

$$5 - 2 = 3$$
$$3 + 2 = 5 \qquad 2 + 3 = 5$$

뺄셈식을 덧셈식으로 나타낼 수 있어요.

원리를 적용해요

그림을 보고 ☐ 안에 알맞은 수를 써 보세요.

$6 + \boxed{3} = 9$

$9 - \boxed{3} = 6$

$\boxed{9} - 6 = 3$

이야기 속 문제 해결

호랑이와 여우가 구한 사과와 대추가 몇 개인지 덧셈식과 뺄셈식을 만들어 보세요.

1 사과와 대추는 모두 몇 개인지 구하세요.

$\boxed{5} + \boxed{2} = \boxed{7}$

2 전체 먹을 것 중에서 호랑이가 갖고 있는 사과의 수를 구하세요.

$\boxed{7} - \boxed{2} = \boxed{5}$

3 전체 먹을 것 중에서 여우가 갖고 있는 대추의 수를 구하세요.

$\boxed{7} - \boxed{5} = \boxed{2}$

풀이

실력 튼튼 문제

1 그림을 보고 빈칸에 알맞은 수를 써 덧셈식과 뺄셈식을 만들어 보세요.

- 남아 있는 풍선의 수

$6 - \boxed{2} = \boxed{4}$

- 날아가기 전 풍선의 수

$2 + \boxed{4} = \boxed{6}$

$4 + \boxed{2} = \boxed{6}$

- 나뭇가지에 남아 있는 새의 수

$4 - \boxed{1} = \boxed{3}$

- 처음 나뭇가지에 있던 새의 수

$1 + \boxed{3} = \boxed{4}$

$3 + \boxed{1} = \boxed{4}$

2 양쪽의 쿠키 수가 같아지도록 하트 모양 쿠키 몇 개를 먹었어요. 빈칸에 알맞은 수를 써 보세요.

- 먹고 남은 🍎 의 수 : $5 - \boxed{2} = 3$
- 먹기 전 🍎 의 수 : $3 + \boxed{2} = 5$

- 먹고 남은 🍎 의 수 : $8 - \boxed{3} = \boxed{5}$
- 먹기 전 🍎 의 수 : $5 + \boxed{3} = \boxed{8}$

3 **2장의 숫자 카드가 있어요. 두 수의 차를 구하는 뺄셈식을 만들고, 그 식을 덧셈식으로 바꾸어 보세요.**

3　8

뺄셈식 : $8-3=5$

덧셈식 : $5+3=8$
$3+5=8$

❶ 6　2

뺄셈식 : $6-2=4$
덧셈식 : $4+2=6$
$2+4=6$

❷ 4　9

뺄셈식 : $9-4=5$
덧셈식 : $5+4=9$
$4+5=9$

4 **그림을 보고 덧셈식과 뺄셈식을 자유롭게 만들어 보세요.**

❶

$5+2=7, 2+5=7, 5-2=3,$
$7-2=5, 7-5=2$

❷

$3+6=9, 6+3=9, 6-3=3,$
$9-3=6, 9-6=3$

풀이

4

그림을 보고 덧셈 상황과 뺄셈 상황을 알고 이를 덧셈식과 뺄셈식으로 나타낼 수 있습니다. 처음에는 정답을 모두 쓰지 못하더라도 다양한 발문을 통해 아이가 답을 찾아낼 수 있도록 합니다.

❶ $5+2=7, 2+5=7$: 주황색 모자의 개수와 파란색 모자의 개수의 합을 구하는 상황

$5-2=3$: 주황색 모자의 개수와 파란색 모자의 개수의 차를 구하는 상황

$7-2=5, 7-5=2$: 전체 모자 중에서 주황색 모자(또는 파란색 모자)를 뺀 나머지 모자의 개수를 구하는 상황

[참고]

여자 아이와 남자 아이로 구분하여 덧셈식과 뺄셈식 을 만들 수도 있습니다.

❷ $3+6=9, 6+3=9$: 빨간색 풍선의 개수와 파란색 풍선의 개수의 합을 구하는 상황

$6-3=3$: 빨간색 풍선의 개수와 파란색 풍선의 개수의 차를 구하는 상황

$9-3=6, 9-6=3$: 전체 풍선 중에서 빨간색 풍선(또는 파란색 풍선)을 뺀 나머지 풍선의 개수를 구하는 상황

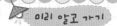 미리 알고 가기

✾ **이런 것들을 배워요**
- 두 수를 바꾸어 덧셈을 할 수 있어요.
- 두 수를 바꾸어 더해도 합이 같다는 것을 이해할 수 있어요.

✾ **함께 알아봐요**

두 수를 바꾸어 더해도 합은 같아요.

$$4 + 2 = 6$$

$$2 + 4 = 6$$

✾ **원리를 적용해요**

두 사람이 가지고 있는 구슬의 수는 (같습니다, 다릅니다)

🏰 이야기 속 문제 해결

호랑이와 여우가 숲에서 구한 열매의 수를 비교해 보세요.

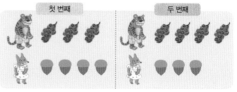

첫 번째   두 번째

1 호랑이가 구한 머루의 수만큼 ○를 그리고, 덧셈식으로 나타내어 보세요.

 $\boxed{3} + \boxed{4} = \boxed{7}$

2 여우가 구한 도토리의 수만큼 ○를 그리고, 덧셈식으로 나타내어 보세요.

 $\boxed{4} + \boxed{3} = \boxed{7}$

3 호랑이가 구한 머루와 여우가 구한 도토리 중에서 어느 것이 더 많은지 쓰세요.

(같아요   )

실력 튼튼 문제

1 민수와 규서가 갖고 있는 쿠키의 수를 비교하려고 해요. 물음에 답해 보세요.

민수   규서

1 민수가 갖고 있는 과자의 수를 구하는 덧셈식을 만드세요.

$$5+2=7$$

2 규서가 갖고 있는 과자의 수를 구하는 덧셈식을 만드세요.

$$2+5=7$$

3 누구의 과자가 더 많은지 알맞은 말에 ○표 하세요.

민수의 과자가 더 많아요.	(	)
규서의 과자가 더 많아요.	(	)
민수와 규서의 과자의 수는 같아요.	(○	)

2 양쪽의 결과가 같은 것을 모두 찾아 ○표 해 보세요.

상자에 구슬 3개를 넣고, 4개를 더 넣었어요.

상자에 구슬 4개를 넣고, 3개를 더 넣었어요.   (○)

아침에 사과 2개를 먹고, 저녁에 바나나 4개를 먹었어요.

아침에 사과 4개를 먹고, 저녁에 바나나 3개를 먹었어요.   ( )

준호가 6골을 넣고, 재형이가 2골을 넣었어요.

준호가 2골을 넣고, 재형이가 6골을 넣었어요.   (○)

3 숫자 카드 3장으로 덧셈식 2개를 만들어 보세요.

| 2 | 7 | 5 |

$5 + 2 = 7$
$2 + 5 = 7$

❶

| 8 | 1 | 7 |

$7 + 1 = 8$
$1 + 7 = 8$

❷

| 5 | 9 | 4 |

$5 + 4 = 9$
$4 + 5 = 9$

4 2개씩 공을 뽑았을 때 두 수의 합이 서로 같도록 수가 없는 공에 알맞은 수를 써 보세요.

❶

❷

❸

✦ 이런 것들을 배워요
- 받아올림이 없는 (몇십)+(몇)의 계산 원리를 이해할 수 있어요.
- 받아올림이 없는 (몇십 몇)+(몇)의 계산 원리를 이해할 수 있어요.
- 받아올림이 없는 (몇십 몇)+(몇십 몇)의 계산 원리를 이해할 수 있어요.

✦ 함께 알아봐요

가로셈은 세로셈으로 바꾸어 계산할 수 있어요.

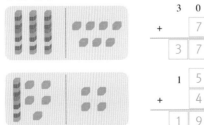

$22 + 6 = 28$

$$\begin{array}{r} 2\ 2 \\ +\quad 6 \\ \hline 2\ 8 \end{array}$$

✦ 원리를 적용해요

$$\begin{array}{r} 3\ \ 0 \\ +\quad 7 \\ \hline 3\ \ 7 \end{array}$$

$$\begin{array}{r} 1\ \ 5 \\ +\quad 4 \\ \hline 1\ \ 9 \end{array}$$

두꺼비의 말을 읽고 별과 땅콩의 수를 가로셈과 세로셈 2가지 방법으로 구해 보세요.

❶
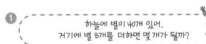
하늘에 별이 40개 있어.
거기에 별 8개를 더하면 몇 개가 될까?

| 가로셈 | 세로셈 |

$40+8=48$

$$\begin{array}{r} 4\ \ 0 \\ +\quad 8 \\ \hline 4\ \ 8 \end{array}$$

❷
접시에 땅콩 32개가 있구나.
거기에 땅콩 6개를 더 놓으면 몇 개가 될까?

| 가로셈 | 세로셈 |

$32+6=38$

$$\begin{array}{r} 3\ \ 2 \\ +\quad 6 \\ \hline 3\ \ 8 \end{array}$$

18

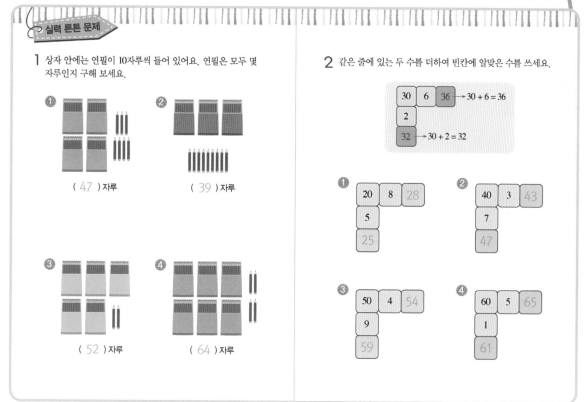

받아올림이 없는 (몇십)+(몇)의 덧셈을 익히는 과정에서 가장 중요한 것은 각 자리의 수를 세로로 정렬하여 덧셈을 하는 세로셈 익히기입니다. 이때 십의 자리와 일의 자리에 대한 이해가 충분히 이루어져야 합니다.

3 나이가 가장 많은 동물에 ○표 해 보세요.

나에게 바나나 21개가 있어. 내 나이는 그것보다 8만큼 더 많지.

( )

저 사과나무에 사과가 32개 열려있어. 거기에 사과 5개를 더하면 내 나이와 같아.

(○)

내 나이는 우리 집에 있는 병아리 7마리와 옆집에 있는 병아리 12마리를 모두 합한 것만큼이야.

( )

4 3장의 숫자 카드를 한 번씩만 사용해서 합이 가장 큰 덧셈식을 만들어 보세요.

| 2 | 6 | 3 |

```
  6 3        6 2
+   2     +   3
  6 5        6 5
```

❶
| 7 | 5 | 4 |

```
  7 5        7 4
+   4     +   5
  7 9        7 9
```

❷
| 2 | 8 | 7 |

```
  8 7        8 2
+   2     +   7
  8 9        8 9
```

풀이

3

원숭이의 나이는 21+8=29(살)입니다.
양의 나이는 32+5=37(살)입니다.
닭의 나이는 7+12=19(살)입니다.
따라서 양, 원숭이, 닭의 순서로 나이가 많습니다.

4

합이 가장 큰 덧셈식을 만들려면 주어진 숫자 중에서 가장 큰 숫자를 십의 자리 숫자로 놓으면 됩니다. 이때 남은 두 숫자는 일의 자리 숫자로 놓으면 되는데, 덧셈의 교환법칙에 의해서 자리에 상관없이 숫자를 놓을 수 있습니다.

창의력 쑥쑥 문제

1 도미노의 양쪽 점의 개수의 차가 가장 큰 것을 찾아 ◯표 해 보세요.

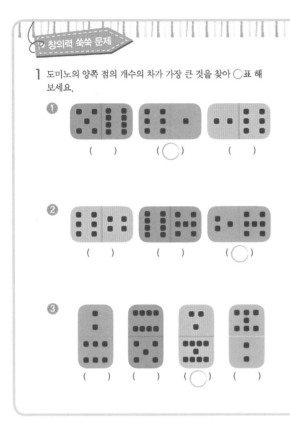

❶ ( )　　(◯)　　( )

❷ ( )　　( )　　(◯)

❸ ( )　　( )　　(◯)　　( )

2 다음은 지원이와 지우가 일주일 동안 읽은 동화책 쪽수입니다. 물음에 답해 보세요.

지원

월	화	수	목	금	토	일
32	11	20	15	6	40	9

지우

월	화	수	목	금	토	일
16	5	34	28	10	7	22

❶ 지원이가 동화책을 가장 많이 읽은 날과 가장 적게 읽은 날의 쪽수는 모두 얼마입니까?

(46)쪽

❷ 지우가 동화책을 가장 많이 읽은 날과 가장 적게 읽은 날의 쪽수는 모두 얼마입니까?

(39)쪽

❸ 토요일과 일요일에 동화책을 더 많이 읽은 사람은 누구입니까?

(지원)

1

도미노의 양쪽 점의 개수의 차는 다음과 같습니다.

8-5=3　　6-1=5　　6-2=4

따라서 두 번째 도미노 점의 개수의 차가 가장 큽니다.

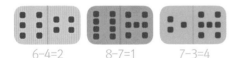

6-4=2　　8-7=1　　7-3=4

따라서 세 번째 도미노 점의 개수의 차가 가장 큽니다.

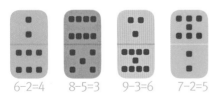

6-2=4　　8-5=3　　9-3=6　　7-2=5

따라서 세 번째 도미노 점의 개수의 차가 가장 큽니다.

2

❶ 지원이가 동화책을 가장 많이 읽은 날은 토요일이고, 가장 적게 읽은 날은 금요일입니다. 따라서 모두 40+6=46(쪽)입니다.

❷ 지우가 동화책을 가장 많이 읽은 날은 수요일이고, 가장 적게 읽은 날은 화요일입니다. 따라서 모두 34+5=39(쪽)입니다.

❸ 토요일과 일요일에 지원이는 40+9=49(쪽)을 읽었고, 지우는 7+22=29(쪽)을 읽었습니다. 따라서 지원이가 20쪽 더 많이 읽었습니다.

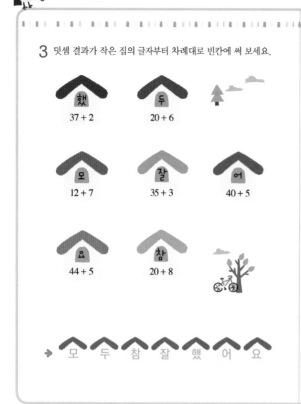

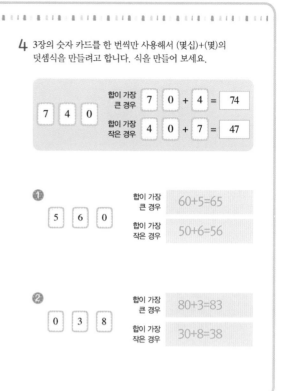

3

덧셈 결과는 다음과 같습니다.

37+2=39 **했**

20+6=26 **두**

12+7=19 **모**

35+3=38 **잘**

40+5=45 **어**

44+5=49 **요**

20+8=28 **참**

따라서 결과가 작은 수의 글자부터 차례로 쓰면 모 두 참 잘 했 어 요가 됩니다.

4

합이 가장 크려면 십의 자리 숫자가 가능한 한 커야 합니다. 반면 합이 가장 작으려면 십의 자리 숫자가 가능한 한 작아야 합니다. 주어진 숫자 중에서 가장 큰 숫자와 가장 작은 숫자를 골라 조건에 맞게 십의 자리에 놓도록 합니다.

[틀리기 쉬워요]

(몇십)은 70과 같이 일의 자리 숫자가 0인 수입니다. 따라서 74와 같이 (몇십 몇) 형태의 수는 올 수 없습니다. 65+0=65, 56+0=56, 83+0=83, 38+0=38과 같은 식을 세우지 않도록 주의합니다.

5 계산 결과가 같은 것끼리 줄로 이어 보세요.

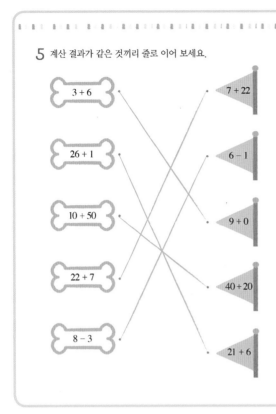

6 두 명씩 짝을 지었을 때 몸무게의 합을 구해 보고, 몸무게의 합이 가장 큰 경우에 ◯표 해 보세요.

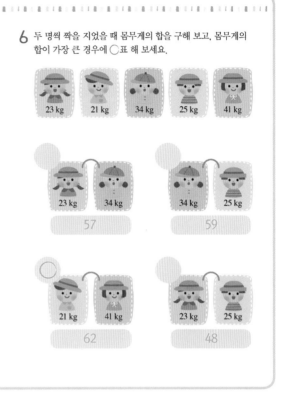

5

계산 결과는 다음과 같습니다.

3+6=9

26+1=27

10+50=60

22+7=29

8-3=5

 의 식을 계산하면 다음과 같습니다.

7+22=29

6-1=5

9+0=9

40+20=60

21+6=27

6

두 명씩 짝을 지었을 때 몸무게의 합은 다음과 같습니다.

 23+34=57(kg)

 34+25=59(kg)

 21+41=62(kg)

 23+25=48(kg)

미리 알고 가기

❋ 이런 것들을 배워요
- 받아내림이 없는 (몇십)−(몇십)을 계산할 수 있어요.
- 받아내림이 없는 (몇십 몇)−(몇)을 계산할 수 있어요.
- 받아내림이 없는 (몇십 몇)−(몇십 몇)을 계산할 수 있어요.

❋ 함께 알아봐요

30−10은 수 모형 30에서 10만큼 덜어낸 것과 같아요.
다음과 같이 계산할 수 있어요.

$$\begin{array}{r} 3\ 0 \\ -\ 1\ 0 \\ \hline \end{array}$$ → $$\begin{array}{r} 3\ 0 \\ -\ 1\ 0 \\ \hline 0 \end{array}$$ → $$\begin{array}{r} 3\ 0 \\ -\ 1\ 0 \\ \hline 2\ 0 \end{array}$$

❋ 원리를 적용해요

① 수모형에서 3만큼 덜어내고 빈칸에 알맞은 수를 쓰세요.

$$\begin{array}{r} 2\ 5 \\ -\quad\ 3 \\ \hline 2\ \boxed{2} \end{array}$$

② 수모형에서 15만큼 덜어내고 빈칸에 알맞은 수를 쓰세요.

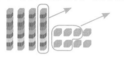

$$\begin{array}{r} 4\ 8 \\ -\ 1\ 5 \\ \hline 3\ \boxed{3} \end{array}$$

이야기 속 문제 해결

두꺼비는 90에서 30을 뺀 만큼 살았다고 했어요. 두꺼비의 나이를 알아보세요.

① 90개의 돌멩이에서 30개의 돌멩이를 /로 표시하고 남은 돌멩이의 개수를 쓰세요.

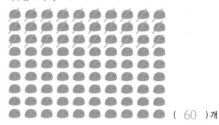

(60)개

② 90에서 30을 뺀 것을 식으로 쓰세요.

보기 90 − 30 = 60

③ 두꺼비는 몇 살인지 두 가지 방법으로 읽으세요.

(육십)살, (예순)살

풀이

실력 튼튼 문제

1 동물들이 징검다리를 뛰고 있습니다. 어떤 돌에 도착 하는지 ○표 해 보세요.

① 앞으로 50가고 뒤로 30!

② 앞으로 80가고 뒤로 50!
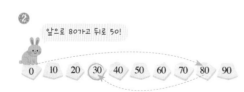

③ 앞으로 70가고 뒤로 20!

2 친구들이 필요한 블록만큼 묶고, 남은 블록의 수를 써 보세요.

① 52개
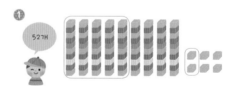

(44)개

② 65개
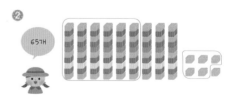

(31)개

24

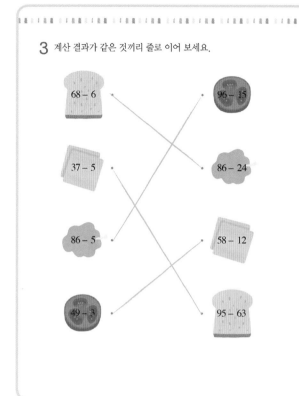

생각 열기

받아내림이 있는 뺄셈을 학습하기 이전에 받아내림이 없는 두 자리 수의 뺄셈을 충분히 연습합니다. 이 과정에서 중요한 것은 세로 형식의 계산 익히기로 각 자리 수를 세로로 정렬하여 뺄셈을 써 보는 것입니다.

또한 이 단원에서는 받아내림이 나오지 않기 때문에 십의 자리부터 계산해도 계산 결과에 틀림이 없지만 추후 받아내림이 있는 뺄셈을 생각하여 일의 자리부터 계산하도록 지도합니다.

3

68-6=62이고, 86-24=62로 같습니다.
37-5=32이고, 95-63=32로 같습니다.
86-5=81이고, 96-15=81로 같습니다.
49-3=46이고, 58-12=46으로 같습니다.

4

카드 안의 식을 계산해 보면
호랑이는 96-42=54, 기린은 72-31=41,
원숭이는 65-23=42, 코끼리는 88-45=43,
하마는 47-15=32, 사슴은 38-2=36입니다.
따라서 호랑이, 코끼리, 원숭이, 기린, 사슴,
하마 순으로 계산 결과가 큽니다.

미리 알고 가기

❧ 이런 것들을 배워요
- (한 자리 수)+(한 자리 수)+(한 자리 수)를 계산할 수 있어요.
- (한 자리 수)−(한 자리 수)−(한 자리 수)를 계산할 수 있어요.

❧ 함께 알아봐요

세 수의 덧셈은 다음과 같이 계산해요.

$$1 + 2 + 3 = 6$$
3
6

$$\begin{array}{r} 1 \\ + 2 \\ \hline 3 \end{array} \rightarrow \begin{array}{r} 3 \\ + 3 \\ \hline 6 \end{array}$$

세 수의 뺄셈은 다음과 같이 계산해요.

$$5 - 2 - 1 = 2$$
3
2

$$\begin{array}{r} 5 \\ - 2 \\ \hline 3 \end{array} \rightarrow \begin{array}{r} 3 \\ - 1 \\ \hline 2 \end{array}$$

❧ 원리를 적용해요

뺄셈식을 보고 빈칸에 알맞은 수를 써 보세요.

$$8 - 3 - 2 = \boxed{3}$$
$\boxed{5}$
$\boxed{3}$

이야기 속 문제 해결

호랑이는 물고기 세 마리, 여우는 열매 네 개, 두꺼비는 떡 하나를 내놓았어요. 음식은 모두 몇 개인지 알아보세요.

❶ 호랑이, 여우, 두꺼비가 가지고 온 음식의 수만큼 ◯를 그리세요.

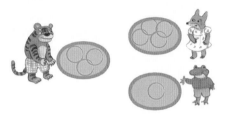

❷ 호랑이와 여우가 가지고 온 음식은 모두 몇 개인가요?

(7)개

❸ 호랑이, 여우, 두꺼비가 먹을 음식은 모두 몇 개인가요?

(8)개

실력 튼튼 문제

1 꽃병에 있는 꽃은 모두 몇 송이인지 식을 만들어 알아보세요.

❶

꽃의 수는
$2 + 3 + \boxed{4} = 9$
(송이)입니다.

❷

꽃의 수는
$\boxed{1} + 3 + \boxed{4} = 8$
(송이)입니다.

❸

꽃의 수는
$2 + \boxed{2} + 3 = 7$
(송이)입니다.

2 개미의 몸에 쓰인 세 수를 더하여 깃발에 써 보세요.

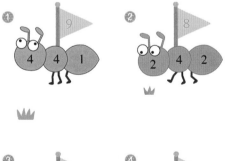

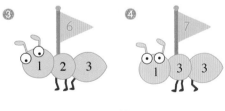

3 토끼가 집까지 길을 따라가면서 당근을 줍고 있어요. 당근을 모두 몇 개 주웠는지 빈칸에 알맞은 수를 써 보세요.

①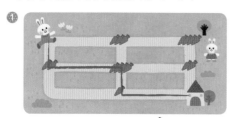

2+(4)+(1)=(7), 🥕=(7)개

②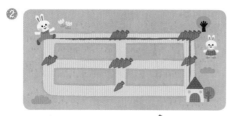

3+(4)+(2)=(9), 🥕=(9)개

4 아기 토끼를 만나면 아기 토끼에게 당근 1개씩을 나누어 줍니다. 집에 도착했을 때 당근은 모두 몇 개 남았는지 빈칸에 알맞은 수를 써 보세요.

①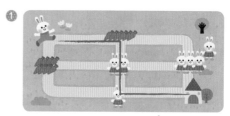

6-(2)-(1)=(3), 🥕=(3)개

②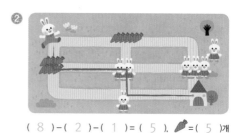

(8)-(2)-(1)=(5), 🥕=(5)개

생각 열기

세 수의 계산은 덧셈의 받아올림, 뺄셈의 받아 내림을 하기 위한 기초가 됩니다. 이 단원에서는 계산의 결과가 10을 넘지 않는 상황에서 세 수의 덧셈과 뺄셈을 연습합니다.

3

그림을 보고 상황에 맞게 식을 쓰고 세 수의 덧셈을 해 봅니다.

4

그림을 보고 상황에 맞게 식을 쓰고 세 수의 뺄셈을 해 봅니다. 아기 토끼를 만나면 아기 토끼의 수만큼 당근을 1개씩 나누어 주어야 하므로 뺄셈을 사용합니다.

풀이

미리 알고 가기

❀ 이런 것들을 배워요
- (한 자리 수)+(한 자리 수)−(한 자리 수)를 계산할 수 있어요.
- (한 자리 수)−(한 자리 수)+(한 자리 수)를 계산할 수 있어요.
- 덧셈식을 뺄셈식으로, 뺄셈식을 덧셈식으로 나타낼 수 있어요.

❀ 함께 알아봐요

덧셈과 뺄셈이 섞여 있는 세 수의 계산은 다음과 같이 합니다.

$$4 + 2 - 3 = 3$$
$$6$$
$$3$$

$$\begin{array}{r} 4 \\ + 2 \\ \hline 6 \end{array} \rightarrow \begin{array}{r} 6 \\ - 3 \\ \hline 3 \end{array}$$

그림과 관련된 덧셈식과 뺄셈식을 만들 수 있습니다.

$$13 + 2 = 15$$
$$15 - 13 = 2$$
$$15 - 2 = 13$$

❀ 원리를 적용해요

다음을 계산해 보세요.

$$4 - 2 + 3 = \boxed{5}$$
$$\boxed{2}$$
$$\boxed{5}$$

$$\begin{array}{r} 4 \\ - 2 \\ \hline \boxed{2} \end{array} \rightarrow \begin{array}{r} \boxed{2} \\ + 3 \\ \hline \boxed{5} \end{array}$$

이야기 속 문제 해결

1 호랑이가 물고기 5마리를 잡고, 여우가 나무 열매 3개를 구했어요. 두꺼비는 그중 물고기 3마리를 먹었어요. 물음에 답해 보세요.

❶ 호랑이와 여우가 가지고 온 음식의 수만큼 ○를 그려 보고 모두 몇 개인지 구하세요.

(8)개

❷ 두꺼비가 먹은 물고기를 위 그림에서 /표 하고, 남은 음식은 모두 몇 개인지 구하세요.

(5)개

2 호랑이가 버섯 4개를 따고, 여우가 산삼 4뿌리를 구했어요. 두꺼비는 그중 산삼 3뿌리를 먹었어요. 물음에 답해 보세요.

❶ 호랑이와 여우가 가지고 온 음식의 수만큼 ○를 그려 보고 모두 몇 개인지 구하세요.

(8)개

❷ 두꺼비가 먹은 산삼을 위 그림에서 /표 하고, 남은 음식은 모두 몇 개인지 구하세요.

(5)개

풀이

실력 튼튼 문제

1 화살이 꽂힌 곳에 있는 수만큼 동그라미 판은 점수를 얻고 꽃 그림 판은 점수를 내주어야 합니다. 친구가 받은 점수를 구해 보세요.

❶
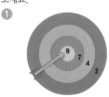

 (5)점

❷
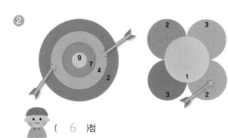

(6)점

2 ☐ 안에 + 또는 − 를 넣어 식을 완성해 보세요.

❶ 5 $\boxed{+}$ 4 $\boxed{-}$ 2 = 7

❷ 8 $\boxed{-}$ 3 $\boxed{+}$ 2 = 7

❸ 6 $\boxed{-}$ 3 $\boxed{+}$ 2 = 5

❹ 7 $\boxed{+}$ 2 $\boxed{-}$ 3 = 6

❺ 7 $\boxed{-}$ 2 $\boxed{+}$ 4 = 9

3 공깃돌을 세며 여러 가지 식을 만들어 보세요.

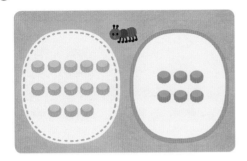

❶ 전체 공깃돌의 수를 구하는 식
(13)+(6)=(19)

❷ 전체 공깃돌의 수에서 초록색 공깃돌의 수를 빼는 식
(19)-(13)=(6)

❸ 전체 공깃돌의 수에서 빨간색 공깃돌의 수를 빼는 식
(19)-(6)=(13)

4 그림에 어울리는 덧셈식과 뺄셈식을 모두 찾아 줄로 이어 보세요.

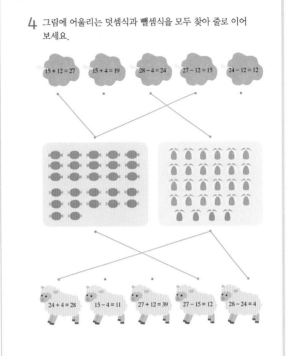

3

❶ 초록색 공깃돌 13개, 빨간색 공깃돌은 6개이므로 두 공깃돌의 합은 13+6=19(개)입니다.

❷ 전체 공깃돌 19개 중에서 초록색 공깃돌 13개를 빼면 19-13=6(개)입니다.

❸ 전체 공깃돌 중에서 빨간색 공깃돌 6개를 빼면 19-6=13(개)입니다.

4

주어진 그림을 이용하여 여러 가지 덧셈식과 뺄셈식을 만들어 봅니다.
첫 번째 그림은 주황색 사탕 15개와 보라색 사탕 12개, 그리고 전체 사탕의 수 27개를 이용하여 식을 만들 수 있습니다.
두 번째 그림은 파란색 공 24개, 분홍색 공 4개, 그리고 전체 공의 수 28개를 이용하여 식을 만들 수 있습니다.

창의력 쑥쑥 문제

1 계산 결과에 따라 풍선을 예쁘게 색칠해 보세요.

10   12   15   23   24

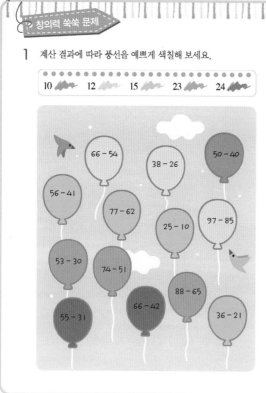

2 저울에 올려진 장난감의 무게를 합하여 저울에 표시될 무게를 써 보세요.

풀이

1

계산 결과는 다음과 같습니다.

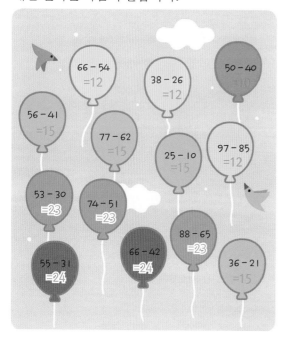

2

계산 결과는 다음과 같습니다.

30

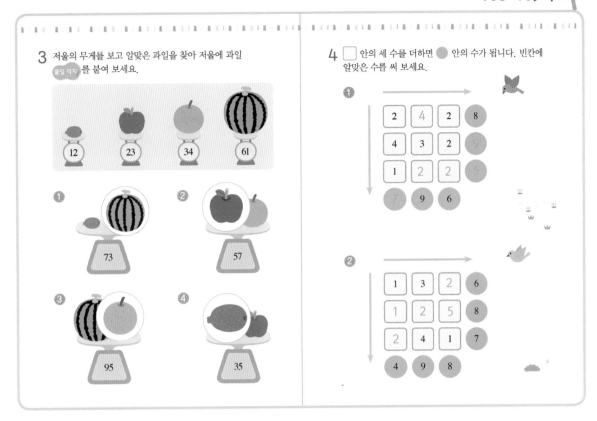

3 저울의 무게를 보고 알맞은 과일을 찾아 저울에 과일 붙임 딱지를 붙여 보세요.

① 73 ② 57 ③ 95 ④ 35

4 ▢ 안의 세 수를 더하면 ⬤ 안의 수가 됩니다. 빈칸에 알맞은 수를 써 보세요.

①
2	4	2	8
4	3	2	9
1	2	2	5
7	9	6	

②
1	3	2	6
1	2	5	8
2	4	1	7
4	9	8	

3

① 73 - 12 = 61이므로 수박이 와야 합니다.

② 57 - 34 = 23 이므로 사과가 와야 합니다.

③ 95 - 61 = 34 이므로 배가 와야 합니다.

④ 35 - 23 = 12 이므로 키위가 와야 합니다.

4

①
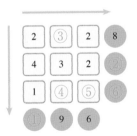

가장 먼저 세 수가 모두 나와 있는 ①, ②의
⬤ 안의 수를 찾을 수 있습니다.
8 - 2 - 2 = 4이므로 ③의 수를 찾을 수 있습니다.

③의 수를 찾으면 ④, ⑤, ⑥의 수도 같은 방법으로 찾을 수 있습니다.

②
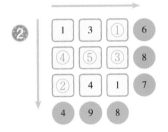

가장 먼저 두 수가 나와 있고 ⬤ 안의 수가
나와 있는 ①, ②의 수를 찾을 수 있습니다.
①은 6-1-3=2이므로 2가 들어갑니다.
②는 7-4-1=2이므로 2가 들어갑니다. ①,
②를 찾았으면 같은 방법으로 ③, ④, ⑤의
수를 찾을 수 있습니다.

5 5장의 숫자 카드를 여러 번 이용하여 덧셈식을 만들어 보세요.

$$\boxed{1} \quad \boxed{2} \quad \boxed{3} \quad \boxed{4} \quad \boxed{5}$$

❶ 7이 되는 덧셈식을 모두 만드세요.

$$\boxed{1} + \boxed{1} + \boxed{5} = 7$$
$$\boxed{1} + \boxed{2} + \boxed{4} = 7$$
$$\boxed{1} + \boxed{3} + \boxed{3} = 7$$
$$\boxed{2} + \boxed{2} + \boxed{3} = 7$$

❷ 8이 되는 덧셈식을 모두 만드세요.

$$\boxed{1} + \boxed{2} + \boxed{5} = 8$$
$$\boxed{1} + \boxed{3} + \boxed{4} = 8$$
$$\boxed{2} + \boxed{2} + \boxed{4} = 8$$
$$\boxed{2} + \boxed{3} + \boxed{3} = 8$$

6 ☐ 안의 수가 더 큰 쪽을 따라 길을 찾아가 보세요.

❶

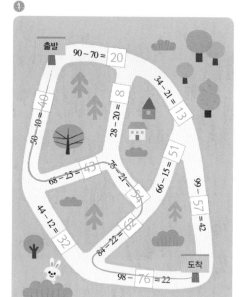

출발
90 − 70 = 20
50 − 10 = 40
28 − 20 = 8
34 − 21 = 13
68 − 25 = 43
75 − 21 = 54
66 − 15 = 51
44 − 12 = 32
84 − 22 = 62
99 − 57 = 42
98 − 76 = 22
도착

❷

출발
9 − 3 = 4 = 2
9 − 2 = 2 = 5
5 + 2 + 1 = 8
7 + 2 − 6 = 3
8 + 1 − 5 = 4
2 + 3 + 1 = 6
4 + 1 + 1 = 6
2 + 3 + 4 = 9
2 + 3 + 3 = 8
45 − 23 = 22
48 − 24 = 24
2 + 3 + 4 = 6
63 − 42 = 21
92 − 61 = 31
66 − 24 = 42
64 − 32 = 32
72 − 50 = 22
87 − 42 = 45
도착

32

붙임 딱지 부록

동물

89쪽 사용

과일

108쪽 사용